Abel Hernández-Muñoz
Gladys Fuente-Chaviano
Reinaldo Mursulí-Carmona

BIOECOLOGÍA Y AGROECOLOGÍA

Abel Hernández-Muñoz
Gladys Fuente-Chaviano
Reinaldo Mursulí-Carmona

BIOECOLOGÍA Y AGROECOLOGÍA

Texto complementario para estudiantes de Ciencias Agropecuarias

Editorial Académica Española

Imprint
Any brand names and product names mentioned in this book are subject to trademark, brand or patent protection and are trademarks or registered trademarks of their respective holders. The use of brand names, product names, common names, trade names, product descriptions etc. even without a particular marking in this work is in no way to be construed to mean that such names may be regarded as unrestricted in respect of trademark and brand protection legislation and could thus be used by anyone.

Cover image: www.ingimage.com

Publisher:
Editorial Académica Española
is a trademark of
Dodo Books Indian Ocean Ltd. and OmniScriptum S.R.L publishing group

120 High Road, East Finchley, London, N2 9ED, United Kingdom
Str. Armeneasca 28/1, office 1, Chisinau MD-2012, Republic of Moldova, Europe
Printed at: see last page
ISBN: 978-613-9-43309-4

BIOECOLOGÍA

Y AGROECOLOGÍA

MSc. Abel Hernández Muñoz

MSc. Gladys de la Caridad Fuente Chaviano

MSc. Reinaldo Mursulí Carmona

Universidad de Sancti Spíritus "José Martí Pérez"

2024

INDICE

I. INTRODUCCIÓN A LA ECOLOGÍA. CONCEPTO DE ECOLOGÍA. BREVE RESEÑA HISTÓRICA.

La palabra Ecología fue utilizada por primera vez por Henry Thoreau en sus cartas en 1858, pero no llegó a definirla. Su definición se debe a **Ernest Haeckel**, zoólogo alemán, que en un trabajo publicado en **1869** formuló el concepto de Ecología como el *"conjunto de relaciones de los seres vivos con su medio ambiente orgánico e inorgánico"*.

La palabra, etimológicamente, proviene del griego *Oikos* que significa "Casa", "residencia", y *Logos*, "tratado" o "estudio".

Esta definición es muy sencilla pero a la vez demasiado abarcadora y algunos autores llegaron a decir que si eso era Ecología, había muy poco que no lo fuera. Por ejemplo, dijo Richards en 1939: la definición "La Ecología es la rama de la biología que se ocupa de las relaciones entre los organismos y su ambiente "podría servir de título de una enciclopedia pero no delimita una disciplina científica".

Haeckel, sin embargo, tiene el gran mérito de haber hecho notar que existía un campo de estudio aún no cubierto adecuadamente por ninguna de las ciencias particulares que ya tenían nombre, a pesar de que el no trabajaba en nada directamente relacionado con esta materia.

Existían cuatro disciplinas biológicas muy relacionadas y que cada una cubría en parte el campo de estudio de esta materia flotante, por lo que la Ecología se puede representar de la siguiente forma:

Odum (1963) la definió como "el estudio de la forma y función de la naturaleza", lo cual es relevante al enfatizar la idea de *"forma y función"*, pero aún es incompleta. Otra definición bastante más clara la da Andrewartha (1961): "la Ecología es el estudio científico de la distribución de los organismos". Sin embargo esta definición es estática, no es dialéctica ya que excluye el importante concepto de las relaciones. Krebs (1972) define la Ecología del modo siguiente: "**Ecología es el estudio científico de las interacciones que determinan la distribución y abundancia de los organismos**".

Si queremos determinar cuál es el campo de acción o tema central de la Ecología, sin embargo, no podemos restringirnos a este concepto que nos conduce a las básicas preguntas de: ¿dónde están?, ¿cuántos hay?, ¿por qué están allí? Sino que tenemos también que incluir la importantísima pregunta de cuáles son los niveles de interés básicos.

La Ecología en general tiene cuatro **niveles de interés** básico:

- el *organismo* individual
- la *población*, formada por organismos de una misma especie
- la *comunidad*, formada por un número mas o menos alto de poblaciones
- y el *ecosistema*, formado por la interacción entre las comunidades y el ambiente

Aquí vamos un momento a recordar los conceptos de población y comunidades.

 Población: *conjunto de organismos de una misma especie que viven en un área determinada y en un momento dado.*

Comunidad: *conjunto de poblaciones de diferentes especies en mutua interacción y que viven en una determinada área, en un tiempo dado.*

A nivel de población existen dos enfoques básicos, el que estudia las características de los organismos particulares y el modo en que estos se combinan para determinar las de la población; y el enfoque que estudia directamente las características de las poblaciones e intenta relacionarlas con su medio ambiente.

Cuando posteriormente se define el término de **ecosistema** como *el conjunto de comunidades y ambiente no vivo*, se acuñó la unidad superior de trabajo de la Ecología. Según Margalef (1974): "la Ecología es la biología de los ecosistemas".

La **Biosfera**, finalmente, es el conjunto de ecosistemas del planeta, que asumidos globalmente nos induce la fantástica, pero real, idea de que el planeta entero es una *unidad biológica* dentro del universo cósmico, y de que en última instancia la Ecología es la ciencia que estudia la estructura y función de la Biosfera.

La Ecología, es posiblemente la más antigua de las ciencias, ya que **su origen** se pierde en el tiempo junto con el origen del ser humano. Las tribus más

Biosfera

Ecosistema

Comunidad

Población

Organismo

primitivas dependían de la caza, la pesca y la recolección de los alimentos por lo que necesitaban y fueron adquiriendo un conocimiento detallado de donde y cuando podrían ir a buscar sus presas. Este conocimiento quedó reflejado en las primeras formas de arte rupestre, como las pictografías paleolíticas de la Cueva de Altamira en España. Luego con el desarrollo de la agricultura y la domesticación de los animales aumentó la necesidad de aprender la ecología de estos organismos.

Los espectaculares movimientos o brotes de organismos como plagas, animales migratorios, etc. llamaron la atención al hombre desde muy temprano. Los primeros historiadores describían esto como originados por intervención divina. En el Libro del Éxodo (7: 14-12:20) se describen las plagas que Dios mandó sobre los Egipcios.

Se pueden buscar los orígenes de cualquier disciplina entre los antiguos filósofos griegos, en la sabiduría China, o en la Biblia, según prefieran. Platón defendía la idea de la existencia de una armonía en la naturaleza, como un principio básico para la comprensión de esta. En los escritos de Herodoto y Platón se dejaban implícitos los términos de "equilibrio de la naturaleza" o "ecología providencial", en que la naturaleza se dedicaba a proteger y beneficiar a cada uno de sus organismos vivos.

Heráclito indicó la existencia de una relación general en la naturaleza viva, su movilidad y variabilidad: "Todo es un continuo flujo y reflujo… nadie entra dos veces en el mismo río, puesto que sus aguas fluidas, continuamente cambian…nuestros cuerpos fluyen al igual que las aguas y la materia se remueve en ellos eternamente, como el agua en el torrente."

Aristóteles en el siglo IV a.n.e. intentó explicar las plagas de ratones y langostas explicando que la alta tasa de reproducción de los ratones podía producir más ratones de los que podía eliminar sus enemigos naturales. Nada tenía éxito apuntaba Aristóteles, excepto... la lluvia. Después de un aguacero los ratones desaparecían como por arte de encantamiento.

Hubo muy poco avance conceptual en la Ecología anterior al siglo XVIII, sin embargo, muchos famosos o incógnitos exploradores y naturalistas, durante los tiempos del descubrimiento de las fronteras del mundo, fueron acumulando todo un enorme conocimiento de la naturaleza que luego fue la base para el desarrollo de esta ciencia.

Los primeros avances teóricos vienen por parte de estudiosos de Ecología humana: Graunt, el padre de la demografía (1662) comienza a describir las poblaciones humanas y a reconocer por primera vez parámetros poblacionales muy importantes como la natalidad, la mortalidad, la relación por sexos y la estructura de edades.

Leeuwenhoek, el padre de la protozoología e inventor del microscopio, estudió parámetros poblacionales en gorgojos, moscas y piojos y fue el precursor del estudio de las cadenas alimenticias.

Buffon (1756) abordó muchos problemas ecológicos y reconoció que las poblaciones humanas, animales, y vegetales estaban sujetas a los mismos procesos. La primera formulación matemática sobre el crecimiento de la población y su limitación se desarrolló por el matemático belga Pierre-Francois Verhulst en 1838. Sus ecuaciones aun forman un pilar importante de la Ecología de poblaciones.

Alejandro de Humboldt, Alfredo Wallace, Charles Darwin, y otros muchos famosos naturalistas en sus obras producidas en el marco de la "revolución evolucionista" adelantan a mediados del siglo XIX numerosos conceptos básicos de la Ecología. La propia teoría evolucionista de Darwin, por la selección natural, es una teoría ecológica basada en observaciones ecológicas. El propio Darwin trabajó además en muchos aspectos básicos de Ecología, como por ejemplo, en sus trabajos sobre La Ecología se define como ciencia en 1869. Haeckel, un acérrimo defensor de Darwin, en su libro "La morfología de los organismos", la define como ciencia, pero como habíamos señalado, siete años antes ya había sido empleado el término por Henry Thoreau, conservacionista conocido como el filósofo de los bosques, en una de sus cartas personales. En esta época, los conceptos clásicos de "ecología providencial" y "equilibrio de la naturaleza" eran sustituidos por "lucha de la supervivencia" y "selección natural".

Muchos de los progresos iniciales de la Ecología vinieron de los campos aplicados a la agricultura, pesca y medicina. La lucha contra las plagas de insectos fue una fuente importante de ideas.

Desde 1776, ya se aplicaban conocimientos de forma positiva: desde la isla de Mauricio por ejemplo, se introdujo el pájaro *Sturnus cristatellus* en la India para combatir las plagas de langostas, que ocho años después ya no eran un problema. Con la investigación médica de la epidemiología de la Malaria, Ross (1890) describió la dependencia de factores como la infección, número de personas, frecuencia de enfermos y capacidad de infección de los mosquitos por medio de dos ecuaciones diferenciales simultáneas, siendo este el primer caso en que un proceso ecológico se representaba con un modelo matemático. Este modelo fue uno de los primeros intentos de Análisis de Sistemas.

El entomólogo americano S. A. Forbes publicó en 1887 un ensayo titulado "El lago como un microcosmos" donde hacía referencia a la interdependencia de los organismos y su medio ambiente.

Para analizar el desarrollo de la Ecología no solo basta enumerar los aportes independientes de tantas personas, sino que hay que analizar globalmente el proceso. A pesar de su antigüedad y de sus bases la ciencia de la Ecología no ha tenido una trayectoria continua.

La Ecología inicial era fundamentalmente descriptiva, los pioneros pasaban la mayor parte de su tiempo describiendo, pormenorizando y clasificando diferentes elementos ecológicos. Este punto de vista coincide básicamente con la Historia natural y tiene la limitación de que uno puede perderse en él: podría escribirse decenas de libros "describiendo" un único bosque.

Sin embargo, por supuesto, la ciencia no se detuvo aquí, sino que a finales del siglo pasado y principios de este se elaboró todo un marco teórico y se establecieron los conceptos fundamentales. Pero de cualquier modo la *Ecología adolecía de cierta falta de coherencia interna*, lo que se tradujo en un desarrollo desigual de sus distintas ramas, por ejemplo la ecología acuática se anticipó en desarrollar conceptos dinámicos relacionados con el funcionamiento de los ecosistemas.

El proceso descriptivo anterior a esto fue esencial antes de que la Ecología moderna pudiera desarrollarse ya con teorías generales de valor predictivo. Los ecólogos modernos quieren comprender y explicar el origen y los mecanismos de las interacciones de los organismos entre si y con el mundo no vivo, para lo cual son ampliamente utilizados modelos matemáticos teóricos que generan predicciones comprobables, de modo que si el modelo falla es corregido o descartado y se busca otra explicación al fenómeno.

La gran complejidad de los procesos ecológicos requiere el uso de casi tanta matemática como biología para comprender el funcionamiento de la naturaleza. Este *enfoque básico funcional* de la Ecología es importante pero debe tenerse cuidado para evitar la tendencia a ir más allá de la realidad sin tener un conocimiento biológico detallado.

A partir de 1930 se hace evidente el inicio de una consolidación y madurez en la ciencia, pero en los años 50 surge con una fuerza *pujante la Biología Molecular, que junto a la bioquímica,* **marginalizan** *totalmente a la Ecología* y a otras ramas, consideradas "menos importantes".

Sin embargo, avanzada la década de los 60 la correlación de fuerzas entre estas disciplinas biológicas comienza a cambiar. El continuo aumento de la población humana y la creciente destrucción del medio ambiente con plaguicidas y contaminantes despiertan la conciencia pública, y *la Ecología deja entonces los marcos puramente académicos para trascender a todos los ámbitos de la sociedad.*

Un papel decisivo lo tuvo el libro "**Primavera silenciosa**" ("**Silent Spring**") de Rachel Carson, obra pionera del cambio de la forma de pensar hacia la naturaleza. Este libro describe crudamente la destrucción de la vida silvestre, y principalmente las aves, por el uso de plaguicidas y por la acción irresponsable de las industrias. Durante más de un año este libro permaneció entre los primeros *best-sellers* americanos, lo cual fue algo extraordinario no tratándose de una novela ni de un libro histórico. Nunca un libro científico ha tenido tal acogida; algunos grandes personajes de la época dijeron que era "el documento más importante del siglo en pro del futuro de la raza humana". Por supuesto que tuvo muchos detractores y enemigos acérrimos, sobre todo entre los industriales y grandes agricultores. Norman Borlang (capitalista de la época) dijo sobre él: "*La campaña viciosa e histérica contra el uso de productos químicos en la agricultura, montada por ambientalistas irresponsables y causantes de miedo, ha tenido raíces en el libro de gran venta "Primavera silenciosa", novela mitad ciencia mitad ficción. Este ponzoñoso y poderoso libro escrito por la talentosa científica Rachel Carson sembró semillas para el torbellino de propaganda y el circo de prensa, radio y TV que* *ha sido apoyado a nombre de la conservación por el movimiento ambientalista, pero que va en detrimento de la sociedad moderna".*

Ya en la actualidad la Ecología y el Medio Ambiente son cuestiones de primer orden en la vida de la humanidad. Podemos ver la continua preocupación mundial por la protección de la naturaleza. En 1992, los ambientalistas y conservacionistas tuvimos un logro muy importante con la celebración de la **Cumbre de Río o Cumbre de la Tierra**, que ha sido la mayor reunión internacional en toda la historia de la humanidad, con el mayor número de jefes de estado y de participantes en general, precisamente para tratar la cuestión de la conservación de la naturaleza.

Por desgracia también hay mucho *sensacionalismo y oportunismo*: los términos se utilizan sin comprender su significado y muchas veces erróneamente. Se puede notar la proliferación del prefijo **Eco-** (ecoturismo, ecopesquería, ecoquímica,…) que muchas veces solo busca impactar en la mente de las personas o consumidores, sin amparar verdaderas tecnologías ambientalmente seguras (lo cual no quita que estas existan, por supuesto).

También ha aumentado ***el grave problema del extremismo*** que se da en algunos grupos ecologistas, y aquí vamos a detenernos a ver la diferencia entre ecologistas y ecólogos. Un ecólogo es la persona que trabaja o estudia la ecología, mientras que un ecologista es cualquier persona que defienda o abogue por la conservación de la naturaleza. La diferencia más radical no existe en los objetivos, que en ambos casos son o deben ser comunes, sino en los conocimientos y en los métodos que se emplean para esta defensa del medio ambiente.

*La posición natural de un ecólogo **no es la de oponerse** a determinadas prácticas sino la de **garantizar vías ambientalmente seguras** para las explotaciones de modo que especies vivas o procesos naturales no sean afectados en conjunto.* Todo esto está muy bien resumido en este escrito de Di Castri, (1983), que dice: **"La Ecología no está reñida con el desarrollo económico. En su contexto moderno pretende dejar de ser la ciencia de las negaciones: no a la contaminación, no a la deforestación, no al desarrollo industrial; para ser la ciencia de las soluciones alternativas, concretas y realistas en materia de desarrollo".**

1.2 Relación de la ecología con otras ciencias.

Además de la relación con las matemáticas, la Ecología se relaciona con prácticamente todas las demás ciencias. Al unir la gran complejidad del ambiente biótico con la complejidad estructural y funcional del ambiente físico, tenemos un campo muy amplio. La Ecología es por tanto una *ciencia de síntesis*, que a partir de materiales de otras disciplinas aplica puntos de vista propios. No es como las demás ciencias analogables a un árbol del que salen muchas ramas (disciplinas menores), sino más bien a un mangle: de muchas raíces que se elevan y confluyen se forma un tronco central.

Biosfera

Comunidades

Poblaciones

Organismos

Órganos

Tejidos y células

Metabolismo

Procesos biofísicos

moléculas

Átomos

Sobre esta característica de la Ecología se ha dicho: "debe admitirse que el ecólogo tiene algo de vagabundo reconocido, vaga por los cotos propios del zoólogo, del botánico, del taxónomo, del fisiólogo, del etólogo, del matemático, del meteorólogo, del geólogo, del físico, del químico y hasta del sociólogo". (Macfagden, 1957).

1.3. Importancia de la ecología para el ser humano

Dentro de la Ecología no solo se "buscan conocimientos" en la tradición científica pura, sino muchas veces se buscan modelos predictivos, es decir se busca poder predecir que le sucederá a un organismo, población o comunidad bajo un conjunto determinado de circunstancias, y sobre la base de ellos, tratar de controlarlos o explotarlos.

Por ejemplo intentamos minimizar los efectos de las plagas prediciendo cuando es probable que se produzcan y aplicando medidas necesarias. Intentamos proteger las cosechas prediciendo en que momento las cosechas serán favorables al cultivo y desfavorable para sus enemigos. Intentamos preservar las especies raras prediciendo las medidas de conservación que nos permitirán conseguirlo.

Estas predicciones solo son exactas y fiables cuando podemos explicar lo que está sucediendo, cuando comprendemos las bases de lo que está sucediendo, cuando comprendemos las bases y los mecanismos por los que funciona el sistema. Y este conocimiento lo da la Ecología.

La Ecología interviene en todos los aspectos de la actividad humana. Se requieren conocimientos ecológicos para:

- estudiar la expansión de una epidemia (epidemiología).
- llevar a cabo con éxito una repoblación forestal (silvicultura)
- controlar eficazmente una plaga (entomología económica)
- aumentar la eficiencia de las pesquerías (oceanología, -grafía)(o limnología en caso del agua dulce)
- administrar la caza deportiva de forma racional (cinegética)
- aumentar los rendimientos de los cultivos (Agronomía), etc.

1.4. Problemas actuales de la ecología

La época actual se enfrenta a toda una serie de problemas graves, herencia de cientos de años de una relación despótica hacia la naturaleza.

Para solo mencionarlos, los principales problemas que enfrenta la biosfera son:

- *Empobrecimiento biótico*: la extinción acelerada de especies. El ritmo natural de extinción era como promedio de una especie por año, pero la influencia del hombre la ha llegado a elevar localmente a las astronómicas cifras de 1 especie por minuto. Actualmente se dice que una especie tiene el doble de probabilidades de extinguirse que de ser estudiada.
- *Cambios climáticos globales*: producidos por varios factores como la destrucción en la capa de ozono, la acumulación de gases contaminantes en la atmósfera produciendo el calentamiento global o efecto invernadero, cuyos efectos van desde el aumento en el nivel del mar hasta cambios en las circulaciones de los vientos planetarios y desplazamiento de la fauna y la flora hacia latitudes elevadas.
- *Desertificación*: los desiertos avanzan a causa de la erosión, y la sequía.

- *Lluvias ácidas*: producto de la contaminación las lluvias recogen el CO_2, NO2, e H2 del aire y se acidifican antes de caer, afectando las plantas, animales, suelo, rocas, construcciones humanas, etc.

- *Crecimiento demográfico humano*: la población crece a un ritmo extremo, y la velocidad de crecimiento también aumenta continuamente. Ya en la época actual la población humana es mayor que la que sería optima ecológicamente para el planeta.

1.5 Divisiones de la ecología

En dependencia del nivel de interés en que se concentre el estudio, la Ecología se ha dividido en dos ramas principales:

Autoecología: estudio de las relaciones del individuo con su ambiente y en particular de sus respuestas adaptativas.

Sinecología: estudio de comunidades y ecosistemas.

Demoecología: estudio del nivel poblacional.

Estudio de Comunidades (**Sine ecología**) y Estudio de Ecosistemas.

La autoecología con frecuencia es tratada de forma despectiva aduciéndose que "suelen tener poco valor" sus trabajos ya que en comparación con los demás, implica el estudio de segmentos aislados y no del sistema completo. Sin embargo la autoecología contribuye a esclarecer las interacciones que aparecen en los niveles superiores, complementando los estudios más complejos. Viene siendo lo que la citología a la histología y la morfología. (En el Clarke, posiblemente por mala traducción dice Autoecología).

Este no es el único sistema de divisiones de la ciencia sino que otros autores prefieren dividirla desde el punto de vista sistemático: Ecología animal, vegetal, microbiana y humana. Dentro de cada grupo hay más divisiones que centran su atención en rasgos únicos o especiales del grupo, así se mencionan con frecuencia: ecología de insectos, ecología de aves, etc. También en dependencia del medio se pueden dividir en Ecología acuática o terrestre. También hay Ecología Genética, Ecología Bioquímica, etc. en dependencia del nivel al que se haga mayor énfasis.

Existen muchos autores que critican las subdivisiones de la Ecología ya que ello, plantean puede ir en detrimento de la visión integral de los ecosistemas, sin embargo, realmente muchas de estas divisiones se justifican por las diferencias esenciales entre los grupos y/o hábitats que determinan diferencias en el funcionamiento de los sistemas y las diferentes técnicas de estudio que requieren.

Independientemente del sistema de clasificación hay tres bases fundamentales en la Ecología moderna que no pueden olvidarse:

- **Primero**: es la sólida base de historia natural que requiere,

- **Segundo**: es la visión de los organismos como unidad fundamental ya que de sus características dependerá el resto de los niveles de organización de las estructuras ecológicas, y…

- **Tercero:** *la posición central del pensamiento evolucionista en el estudio de la Ecología.*

 Particularmente enfatizamos en el tercer punto, ya que todo lo que estudia la Ecología es el producto de la evolución orgánica y esta a su vez "se nutre" de estos mismos procesos ecológicos.

1.6. Conceptos básicos (ambiente, medio ambiente, medio, sustrato).

Ambiente: es el conjunto de los factores externos abióticos y bióticos que rodean a un organismo, y que influyen de alguna manera en su crecimiento, desarrollo, reproducción y supervivencia.

Es importante tener en cuenta que el ambiente es multifactorial ya que está formado por numerosos factores externos que en conjunto actúan sobre los organismos; estos factores interactúan entre sí.

El ambiente y el organismo individual solo son claramente diferenciables a nivel macroscópico, ya que a nivel molecular forman un complejo agregado ya que los organismos no son más que organizaciones físico químicas complejas de moléculas del ambiente, que se mantienen y auto perpetúan en el tiempo.

Por otra parte, puede llamarse **adaptación** a toda característica de un organismo que tenga valor definitivo en permitirle existir en las condiciones de su hábitat y utilizar los recursos eficientemente. Las adaptaciones son las respuestas de los organismos a los cambios ambientales y gracias a la cual pueden realizar su nicho.

La mayor parte de los organismos deben adaptarse simultáneamente a numerosos aspectos distintos de sus ambientes, de ahí que se considere a un organismo como un complejo coordinado de adaptaciones.

Los organismos se han adaptado durante la evolución a casi todos los elementos o factores ambientales que influyen sobre ellos, incluidos los otros organismos, es decir, se han adaptado a la interacción entre ellos y con otras especies.

 Todos los factores del ambiente actúan sobre los organismos en diverso grado, y las respuestas de los organismos pueden ser muy complejas, pero en general se distinguen tres tipos fundamentales de respuestas: **Respuesta de saturación, Respuesta sigmoidea y Respuesta óptima.**

1- **Respuesta de saturación:** cuando el organismo responde positivamente a incrementos en el factor ambiental hasta llegar a un punto a partir del cual no se produce respuesta. Ej.: el efecto de la intensidad de la luz en la fotosíntesis (Luz v.s. fotosíntesis neta en Thypa latifolia).

2- **Respuesta sigmoidea:** cuando el organismo es prácticamente insensible a incrementos pequeños hasta llegar a valores intermedios donde la respuesta es muy intensa para volver a disminuir a valores mayores. Así ocurre por ejemplo en el caso de la depredación de una población de una presa disponible, cuando se puede elegir entre ellos y otra presa disponible (gráfico de densidad vs. # de individuos comidos).

3- **Respuesta Óptima:** cuando el efecto es positivo hasta un determinado punto a partir del cual comienza a tener efecto negativo el factor.

El ambiente está compuesto por factores bióticos y abióticos. Los componentes bióticos son los miembros de la misma u otras especies, (depredadores, presas, parásitos, etc) los componente de los factores abióticos son las Condiciones y los Recursos

Condiciones (llamadas por algunos autores como recursos reguladores) son factores ambientales abióticos, variables en tiempo y espacio, a los que los organismos responden de distintas maneras y que pueden ser modificados por estos pero que no son consumidos ni se agotan, y que tampoco pueden resultar menos asequibles o inasequibles para un organismo a causa de la presencia de otro u otros. Por ejemplo, condiciones son la temperatura, la humedad relativa, el pH del suelo o del agua, la salinidad, la corriente, los contaminantes, etc.

Recursos son aquellos factores consumibles por los organismos, y entiéndase consumido no solo como ingerido ni incorporado a la biomasa, sino en el sentido de que presentan cantidades que pueden ser reducidas a causa de la actividad o presencia de otros organismos y que su uso hace imposible que otro organismo lo utilice simultáneamente. Por ejemplo, tenemos el espacio, la luz, las moléculas inorgánicas como el agua, minerales, oxígeno, recursos alimenticios, etc.

Tanto las condiciones como los recursos se pueden agrupar en tres categorías: **medio, substrato y clima**.

Medio: es la parte del ambiente con la cual el organismo se encuentra en contacto directo y con la que mantiene sus intercambios fundamentales. Solo existen dos medios: agua o aire, y en función de esto los organismos se clasifican en acuáticos o terrestres.

Existe un gran contraste entre las propiedades del agua y de la atmósfera como medio para los organismos.

Substrato: es la parte del ambiente que sirve para el apoyo y desplazamiento de los organismos y que además de soporte le brinda abrigo y alimentación. El substrato es de naturaleza muy variada, el suelo es el substrato más importante en el medio terrestre. La superficie de otros organismos puede ser el substrato para animales y plantas (**Epibiontes:** epizoos y epífitos). El substrato no tiene ni siquiera que ser sólido: la superficie del agua es utilizada por un grupo de organismos que forman la fauna epinéustica (hemípteros, algunos coleópteros, colémbolos y ácaros) que aprovechan la fuerza de tensión superficial para sostenerse, no solamente sobre ella sino también por debajo, como hacen muchas larvas de mosquitos , insectos acuáticos y moluscos que se trasladan "cabeza abajo" sobre la cara inferior de la película líquida. En este sentido este grupo ha desarrollo estructuras adaptativas muy interesantes. También brinda alimentación, porque hay organismos que literalmente "se comen su substrato", ej. Las orugas, las holoturias que ingieren arena para extraerle la materia orgánica, también existen organismos que construyen su propio substrato como es el caso de las termites, la tela de araña que actúa como su substrato, etc.

II. FACTORES AMBIENTALES, ABIÓTICOS Y CLIMATOLOGÍA.

2.1. Factores ambientales. Factores limitantes. Ley del mínimo. Ley de la tolerancia. Indicadores ecológicos.

Las especies solo son capaces de vivir y reproducirse dentro de límites ambientales bien definidos. Para cada grupo de organismos existe un rango determinado para cada factor ambiental, acotado dicho rango por valores extremos máximos y mínimos.

El químico y botánico alemán Von Liebig en 1840 centró sus estudios en los factores que limitaban las cosechas. Sacó la conclusión de que determinados elementos añadidos al suelo con los fertilizantes eran los causantes del aumento de la producción, pero solo en el caso de que antes estuvieran en concentraciones tan bajas que limitasen el crecimiento de las cosechas. La generalización de esta conclusión fue llamada **Ley del Mínimo**, y planteaba la idea de que *un organismo no es más fuerte que el eslabón más débil de su cadena ecológica de requisitos.*

La ley en principio ha recibido numerosas formulaciones en dependencia del nivel al que se quiera aplicar. La formulación inicial fue que *el crecimiento y desarrollo de un organismo depende de la cantidad de alimento que le es presentado en cantidad mínima.* Una formulación más generalizada en relación a todos los factores ambientales es que: *la distribución de una especie estará determinada por aquel factor ambiental para el cual el organismo tiene la mínima capacidad de adaptación o control.* A nivel de individuo el principio de los factores limitantes se puede expresar como: *los organismos están limitados por el factor o combinación de factores con valores que más se apartan de las necesidades del organismo.* En el nivel de población se expresaría como que *el número de individuos de una población aumenta hasta que la cantidad de un recurso limitante en el ambiente es insuficiente para soportar nuevos individuos, en caso supuesto de que los depredadores o los factores reguladores de los recursos no actúen primero.*

No solo la falta de un factor puede constituir un factor limitativo sino también el exceso. El fisiólogo vegetal inglés F.E. Blackman (1905) amplió el concepto de los factores limitantes al indicar la posibilidad de existencia de un *máximo limitante* debido al exceso de ciertos factores ambientales. (Se dio a conocer con el nombre generalizado **de Ley de los Factores Limitantes**: "*Cuando un* *proceso está condicionado por una serie de factores diferentes, la velocidad de dicho proceso se ve afectada por la actividad del factor más lento".* Así pues, los organismos tienen un máximo y un mínimo ecológicos con un margen entre ellos que representan los límites de tolerancia. Este último enfoque fue incorporado a la Ley del Mínimo para enunciar la **Ley de Tolerancia** de Shelford en 1913.

Esta última plantea que: "*la existencia y prosperidad de un organismo depende del carácter completo de un conjunto de condiciones donde la deficiencia o exceso cualitativos o cuantitativos, respecto a uno cualquiera de los diversos factores, producirán la ausencia o exacerbación de las poblaciones del organismo.*

Hay que recordar que para determinar el intervalo de condiciones en las que el organismo puede sobrevivir y reproducirse, es decir, sus *límites de tolerancia*, debe tenerse bien en cuenta la interacción entre los factores y/o las condiciones. Para la Rana Leopardo (*Rana pipens*) la tolerancia ante una temperatura ambiental y hacia el calor radiante depende de la disponibilidad de agua. Por ello si tomamos los límites individualmente para cada factor ambiental podemos llegar a conclusiones erróneas si no se especifican los valores de los demás.

A partir de la Ley de tolerancia se pueden enunciar algunos **principios generales:**

- Las especies con amplios rangos de tolerancia están más ampliamente distribuidas que las de tolerancias reducidas.

- La tolerancia es diferente para cada uno de los factores ambientales. Pueden tener márgenes amplios para un factor y estrechos para los otros.

- Condiciones inapropiadas de un factor pueden reducir los límites de tolerancia a otro. Por ejemplo, la escasez de agua obstaculiza la capacidad para soportar temperaturas elevadas en muchos mamíferos.

- Los límites de tolerancia varían con el ciclo de vida de los organismos, en ciertas fases los factores ambientales tienen más probabilidades de convertirse en limitantes. Por ejemplo las plántulas y las larvas son más vulnerables que los adultos.

- En la naturaleza la mayoría de los organismos no viven en las condiciones óptimas respecto a factores particulares debido al efecto de la interacción con el resto de los factores ambientales.

Importancia del estudio de los factores limitantes

Los conocimientos de los límites de tolerancia y de los factores limitantes son *indispensables para interpretar* muchos de los fenómenos naturales, y *nos permite tomar medidas de conservación efectivas* o de control. Además este *concepto proporciona una vía de entrada inicial para estudiar situaciones complejas.* Para llegar a un conocimiento preciso debe partirse de que no todos los factores tienen el mismo peso en diferentes lugares. Por ejemplo la concentración de oxígeno rara vez es limitante en el medio terrestre, excepto para los endoparásitos, sin embargo, en el medio acuático es un importante factor limitante por lo que el biólogo marino o limnólogo debe tenerlo mucho más en cuenta.

Para un ecólogo de suelo la humedad es muy importante y como es variable debe ser medida regularmente. Para muchas plantas la acidez o alcalinidad del suelo puede ser un factor muy importante. Para los moluscos de agua dulce se ha demostrado que los factores más importantes son la dureza del agua y la temperatura. Para los peces los más importantes son la temperatura, la salinidad y la transparencia.

Indicadores ecológicos:

Debido a la existencia de los límites de tolerancia el hombre ha podido utilizar en muchas ocasiones a las especies como indicadoras de la existencia o cantidad de un determinado factor o recurso. Estas especies son las que se conocen **como Indicadores Biológicos o Bioindicadores.** Hay especies que indican la presencia de metales en el suelo como el Fe, Cu, Pb, Ni, Zn, etc. ya que son especies adaptadas a vivir en suelos con esas condiciones, y por lo tanto una vez sabido esto, el hombre se aprovecha y por la presencia de la especies infiere la presencia del metal.

Los edafólogos emplean ciertas plantas para identificar el tipo de suelo: ácido, salino, calcáreo, arcillosos, ferralíticos, serpentiníticos, etc.

El empleo de estos indicadores es una *alternativa ventajosa* para el hombre, ya que *garantizan un método rápido, económico y con efectividades razonablemente altas.*

Organismos bioindicadores también pueden ser aquellos que tienen sensibilidades elevadas a cambios ambientales, y estos se utilizan para medir la calidad ambiental del hábitat, los niveles de contaminación, etc.

Un organismo **para ser buen indicador debe cumplir una serie de requisitos**:

- Tener elevadas exigencias ecológicas (las especies estenoicas, son mejores indicadores)

- Deben tener una localización específica en determinados micro hábitat.

- Deben presentar solidez taxonómica, es decir deben poder ser identificados hasta nivel de especie sin confusión (por ejemplo: de las especies de colémbolos del género Odontella, hay dos especies que deben separarse si se van a emplear como indicadores ya que una de ellas *O. armata* es basófila y la otra *O. lamillifera* es estrictamente acidófila.

Recomendaciones para el empleo de especies indicadoras:

- no deben tomarse especies particulares sino conjuntos de especies que dan resultados mejores, además, son más abundantes las combinaciones indicadoras que las especies indicadoras individuales.

- antes de confiar en un indicador, sea especie o grupo, se necesita contar con un intenso trabajo experimental basado en una recogida sistemática de datos.

- las grandes especies suelen ser mejores indicadores que las pequeñas porque estas tienen ritmos de renovación muy rápido.

Con propósitos de bioindicación se utilizan no solo la presencia ausencia de especies particulares, sino también, los cambios en la composición taxonómica de las comunidades, los cambios en la estructura trófica o en las cadenas de alimentación, la mortalidad de animales susceptibles, etc.

Los organismos son altamente dependientes de las condiciones ambientales, sin embargo a la hora de estudiar estas condiciones ha que hacerse una **clasificación de los factores climáticos** en tres grupos:

Macroclima: es el clima dominante en extensas zonas geográficas (ej. provincias o países). Generalmente no es muy utilizado para estudios más locales de ecología, no así para el estudio de mega fauna como elefantes o rinocerontes, en la vegetación, o tal vez en el estudio de ecosistemas complejos y extensos o paisajes y en estudios de vegetación.

Mesoclima: es el clima de áreas menos extensas, geográficamente homogéneas (áreas desde 100 km^2 a un km^2 o menos en dependencia del organismo en particular).

Microclima: es el clima en las proximidades del organismo. Es muy diferente y relativamente independiente del macroclima. Es el más difícil de estudiar pero es el más importante. Generalmente requiere de instrumentos especiales y muy sensibles. Viene siendo como el clima del micro hábitat.

Por ejemplo, un árbol muestra numerosos microhábitats con condiciones de microclima diferentes desde lugares secos a pequeños charcos de agua, desde lugares muy calientes (donde les da el sol), hasta lugares muy fríos, etc. Los animales responden más a las condiciones del microclima que del macroclima, es por ello que se pueden localizar ranas en lugares aparentemente secos, debajo de las piedras.

2.2. Factores abióticos.

2.2.1. Luz: características físicas. Papel ecológico. Adaptaciones de los organismos a la luz. Ritmos biológicos.

Es necesario conocer algunas características básicas de la Luz solar para comprender cabalmente su significación ecológica.

La luz es un espectro continuo de radiaciones electromagnéticas, cuya fuente principal para la tierra es el sol.

No toda la luz que procede del sol llega a la superficie sino que mucha se va perdiendo a medida que atraviesa la atmósfera por medio de tres procesos fundamentales: la absorción, la reflexión y la dispersión. Es decir el 30 % de la radiación solar que llega a la tierra es *reflejada* en las capas superiores de la atmósfera denominada albedo, que es la que le da a la tierra su brillo en el espacio, similar a Venus. Del 10-15% se dispersa en la atmósfera, otra gran parte es *reflejada* o *absorbida* por las nubes. Otra parte se *absorbe* por la vegetación y otra es *transformada en calor* en la superficie sólida de la tierra. A la parte superior de la atmósfera llega un valor promedio de 1.95 calorías-gramo/cm^2·min. que es lo que se conoce como *constante solar* (que varía entre 1.5- 3.5 en dependencia de la distancia al sol y del ciclo solar). A la superficie de la tierra llega un promedio de 1.15-1.75 cal-g/cm^2·min. (en dependencia de la altura). Este valor varía en dependencia de la latitud al variar el recorrido atmosférico. Cuando el sol está a 20° respecto al cenit (punto central de la bóveda celeste) la intensidad que llega a la superficie del suelo disminuye en un 6% y a los 60° de inclinación, disminuye a un 60 %.

El espectro electromagnético está compuesto de la siguiente manera: entre 0.1 y 4.5 aproximadamente se ubica el espectro de emisión del sol, las longitudes superiores corresponden a la emisión térmica de la tierra. Dentro de lo emitido por el sol, solo la porción entre 0.40 y 0.70$_M$m corresponde a la luz visible. Con un espectro de colores que va desde el color violeta (menor longitud de onda) hasta el rojo (mayor longitud de onda, menos energía).

La importancia ecológica de la luz para los seres vivos viene dada por dos razones fundamentales.: la primera y más importante por supuesto es la fotosíntesis, y la segunda, menos conocida, es como estímulo para la señalización del tiempo.

Comenzando por el primero: la fotosíntesis *es el proceso mediante el cual las plantas y algunos protistas, convierten la energía radiante procedente del sol en energía química*, al almacenarla por así decirlo de algún modo en forma de enlaces químicos. Este proceso *es la fuente primaria de moléculas orgánicas para el resto de las funciones vitales.*

No vamos a hablar demasiado sobre este proceso biológico. Solo aclararemos algunos aspectos, y el primero de ellos es que *la fotosíntesis es notablemente ineficiente* en aprovechar la radiación solar.

En primer lugar ya que la cobertura vegetal de la superficie del planeta no es ni mucho menos total, sino que solo un % relativamente pequeño de la radiación cae en lugares fotosintéticamente activos. El resto se pierde al incidir sobre rocas, ramas desnudas, agua, etc. transformándose en calor. Esta pérdida es absoluta ya que si no es fijada en el preciso momento en que cae sobre la hoja o célula se transforma en calor o se invierte en otros procesos químico - físicos, no ocurre como otros recursos (oxígeno, agua, etc.) en los que una misma fracción (molécula) puede reciclar indefinidamente.

En segundo lugar tenemos que aunque *la radiación solar es un recurso continuo*, o sea un espectro de diferentes longitudes de ondas, sin embargo *el aparato fotosintético solo es capaz de acceder a la energía de una banda restringida de dicho espectro* ya que depende de pigmentos fotosintéticos que fijan en la banda comprendida entre 380 y 710 nm. Esta es la llamada radiación fotosintéticamente activa (RFA). Tan solo el 44% aproximadamente de la radiación total que llega a la superficie del planeta se halla en esta banda.

Por lo tanto *la naturaleza del sistema clorofílico establece una limitación fundamental en la actividad de las plantas y a su vez limita la energía que puede fluir desde las plantas verdes hacia los otros componentes del ecosistema.* Existen sin embargo excepciones, ya que en procariontes existen pigmentos que actúan en regiones situadas fuera de la RFA, como por ejemplo, la bacterio-clorofila que absorba máximamente a 800, 850 y 870-890 nm.

El proceso bioquímico también es muy ineficiente. En general, la mayor eficacia de utilización de la luz que se ha encontrado aparece en microalgas marinas cultivadas a intensidades luminosas bajas, y es del 3-4.5%. En los bosques tropicales es del 1-3% y en los templados es del 0.6 - 1.2 %.

El proceso fotosintético es propio de las plantas y de algunos unicelulares que conforman el nivel primario de las cadenas de alimentación de los ecosistemas. Estos organismos que sintetizan sus propios compuestos orgánicos son llamados autótrofos.

La fotosíntesis puede químicamente expresarse con la reacción global:

$$CO_2 + H_2O + E ---> (CH_2O) + O_2 \qquad E= energia\ luminosa$$

En esta ecuación podemos ver otra de las grandes importancias de la fotosíntesis que es la producción de oxígeno por lo tanto vemos como *la interacción luz - autótrofos determina la existencia de vida en la tierra*, asegurando la fuente primaria de moléculas orgánicas para la producción de estructuras biológicas y manteniendo el equilibrio CO_2 <--> O_2 atmosférico. Un incremento del contenido de CO_2 atmosférico puede causar incrementos peligrosos de la temperatura, mientras que si disminuye la concentración de oxígeno se afecta la respiración.

La producción y la descomposición de la naturaleza.

Cada año se producen en la tierra por los organismos fotosintéticos: Aproximadamente 10*17 gramos (100 mil millones de toneladas) de materia orgánica.

Una cantidad aproximadamente equivalente se vuelve a oxidar en CO2 y H2O durante el mismo intervalo como resultado de la actividad respiratoria de los organismos vivos.

600 millones de año = O2

900 millones de año = combustible fósil (petróleo).

Desde hace 60 millones de años se ha mantenido un estado permanente oscilante de las proporciones atmosféricas entre el CO2 y el O2.

Durante los últimos 60 años las actividades Agroindustriales del hombre ha ejercido un efecto considerable en el hombre al aumentar las concentraciones de CO2 al menos en un 13%.

Los diferentes procesos de la fotosíntesis y los diferentes tipos de respiración que se corresponden con cada una de ellas

Respiración   **-Aeróbica**

                    - Anaeróbica

                    - Fermentación

En resumen, el prolongado y complejo proceso de la **degradación de la materia orgánica controla** cierto **número** de **funciones** importantes en el ecosistema, como por ejemplo:

1. El nuevo ciclo de alimentos a través de la mineralización de la materia orgánica muerta
2. La producción de alimentos para una sucesión de organismos en la cadena alimentaria de los detritos.
3. La producción de sustancias "ectócrinas" reguladores.
4. La modificación de los materiales inertes de la superficie de la tierra (para producir por ejemplo el complejo conocido como "suelo".

Se ha calculado que la cantidad de carbono fijada anualmente por la fotosíntesis representa cerca del 0.4% del CO_2 utilizable del planeta. Dicho de otro modo la superficie de la tierra contiene CO_2 que puede ser utilizado durante 250 años por los autótrofos, en este tiempo todo el gas recicla hacia sustancia orgánica y regresa a la atmósfera por respiración, de forma tal que el volumen total no se ve afectado.

Es importante señalar que *el 90% de la fotosíntesis mundial la realizan las algas acuáticas* y el resto las terrestres. Por ello puede decirse que realmente el principal pulmón del planeta está formado por las algas del pacífico, el océano mayor, y el segundo son los bosques amazónicos. De *las formaciones vegetales terrestres no todas contribuyen de igual manera*: la mayor tasa de fotosíntesis la presentan los bosques tropicales con un promedio de 250 ton/Km^2, seguidos de los cultivos (160 ton/Km^2). *La fotosíntesis depende de muchos factores: intensidad luminosa, temperatura, necesidades fisiológicas de la planta*, etc. No solo la fotosíntesis sino también el crecimiento y desarrollo de diferentes partes de la planta, la elongación de los tallos, el desarrollo de raíces, la latencia, germinación y floración y el desarrollo de los frutos están sujetos a fotocontrol por un sistema de pigmentos absorbentes.

La disponibilidad de luz constituye un factor regulador de la distribución local y geográfica de las especies. Esta disponibilidad se mide por dos parámetros: la intensidad y duración.

La intensidad varía en dependencia de si se trata de un medio acuático o terrestre. En el medio acuático el 10% o más de la luz se pierde por reflexión de la superficie, y luego en su recorrido hacia la profundidad la intensidad disminuye por absorción tanto del agua, como por los sedimentos y organismos flotantes. Las ondas largas (rojas) de menor energía, desaparecen más rápidamente (las infrarrojas en el primer metro), las cortas (violetas) también (un poco menos rápido) por dispersión de las moléculas del agua, mientras que las que mayor penetración tienen son las azules y verdes.

Como se sabe la intensidad con que llega la luz a la superficie terrestre *varía con la latitud* en dependencia del ángulo de incidencia de los rayos solares y del *recorrido atmosférico* diferente, en el que influyen otros elementos como la nubosidad, el estado polvoso, etc., que hacen que el porcentaje de luz que llega a la superficie disminuya fuertemente. Influyen también otros *factores de oscurecimiento* como por ejemplo la cubierta vegetal que reduce la luz que llega al suelo.

Este último elemento varía desde las formaciones como los pinares donde al suelo puede llegar hasta el 50% de la luz hasta los tupidos bosques donde prácticamente no llega nada. En dependencia de la densidad de la canopia, los bosques pueden interceptar del 50 - 95% de la luz incidente. Los bosques tropicales lluviosos, que son los más densos, pueden interceptar hasta el 99.75% de la luz.

 En función de esto hay muchas adaptaciones de las plantas para hacer un uso eficiente de la luz. En general hay plantas de sol (Helió fitas) cuyas adaptaciones van encaminadas a resistir los efectos de la elevada radiación, por ejemplo, orientando verticalmente las hojas o presentando una superficie foliar plana y brillante que refleje mucha de la radiación percibida. Por otra parte las especies de sombra (Esciófilas) desarrollan grandes hojas con áreas mayores y altas concentraciones de clorofila, de modo que utilizan la luz de intensidad baja con mucha mayor eficiencia que las de sol, además de que suelen tener una tasa de respiración más baja y por tanto una tasa neta de asimilación superior.

: Dentro del follaje de un mismo árbol, las hojas superiores son diferentes; reciben más luz y están expuestas a mayor pérdida de agua; mientras que las del centro son también morfo fisiológicamente diferentes: reciben menos luz, la Humedad Relativa es constante, etc. e igualmente las hojas inferiores (reciben muy poca luz). Por ello es que las hojas que quedan súbitamente expuestas al sol luego de una apertura parcial del dosel, generalmente mueren porque son incapaces de sobrevivir al exceso de luz que llega a sus cloroplastos y la pérdida de agua.

Sobre las esciófilas adaptadas a vivir bajo un dosel de vegetación hay otro elemento que influye y que son las marcadas variaciones de intensidad luminosa a escala puntual. Esto viene dado porque las capas de hojas superiores interceptan la luz y crean una *zona de privación* de luz que puede ser intermitente o no. Es decir, los movimientos de las hojas de doseles superiores que dejan pasar la luz de forma intermitente e irregular en forma de destellos, de modo que la intensidad de la luz sobre una hoja esciófila puede variar de 2 a 35% en un minuto y segundos después retornar al valor inicial, por lo tanto el aparato fotosintético debe estar adaptado a esto. Además está el elemento de *filtrado cromático*, es decir que mucha radiación atraviesa las hojas y llega a las capas inferiores ya filtrada y con una composición espectral totalmente diferente.

De forma general en todas las formaciones vegetales es posible encontrar un gradiente de intensidades de iluminación en el cual se acomodan las especies.

La intensidad en general no tiene mucho efecto sobre la distribución de los organismos animales ya que su heterotrofia y movilidad los independiza relativamente de esta, sin embargo en ellos se presentan cuatro fenómenos muy importantes relacionados con este elemento físico: la fotocinesis, fototaxismo, el fototropismo y la visión.

La fotocinesis se refiere al *efecto directo de la luz sobre la velocidad del movimiento o actividad de los animales* (cinesis del griego: movimiento). Por ejemplo, las intensidades de luz elevadas aceleran los movimientos de los invertebrados acuáticos y la locomoción en los insectos (encender la luz produce mucha agitación en las cucarachas). El efecto también puede ser negativo: se ha comprobado que al disminuir la intensidad luminosa se aceleran los movimientos antenales de *Daphnia*.

El fototaxismo por su parte se refiere *al movimiento de orientación activo en los animales orientados por la luz* (*taxia, taxo, taxi* provienen del griego *taxis* que significa ordenación). Es muy frecuente en invertebrados, y en el mismo se apoya el método de extracción de invertebrados edáficos, junto con el geotaxismo.

Además, entre las formas de orientación de los organismos existe la tigmotaxia, y que es la orientación de la locomoción en relación con las superficies (mantenerse en contacto siempre con substratos sólidos) (ejemplos: ratas y ratones caminan generalmente en contacto con las paredes, orugas volteadas y con superficies en contacto con sus patas no intentan voltearse y siguen caminando, los murciélagos evitan las paredes mientras vuelan, etc.)

El fototropismo es el fenómeno análogo al fototaxismo de los animales, pero en las plantas (y tal vez en algunos animales modulares), y se refiere *al crecimiento de diferentes estructuras con orientaciones determinadas por la luz*. Por ejemplo, la mayoría de las raíces tiene fototropismo negativo y los retoños positivo (aquí también actúa el geotropismo).

Por último está la visión. La visión constituye uno de los sentidos más importantes y especializados de los animales y es muy interesante estudiar su desarrollo evolutivo en diferentes grupos de animales. Este sentido *consiste básicamente en analizar la luz reflejada por las superficies para tomar información acerca de estas.*

De forma general se pueden distinguir animales adaptados a la luz intensa (fotópicos) y los adaptados a la luz débil (escotópicos). (También están los ciegos, por supuesto).

Muchos de los organismos son fotópicos y sus estructuras visuales son más conocidas, por lo que solo hablaremos de las adaptaciones de los animales nocturnos (escotópicos). Estos animales presentan toda una serie de *adaptaciones* interesantes. Por ejemplo:

- Los *ojos grandes, pupilas muy anchas y cristalinas muy grandes y globulares* para concentrar la luz (ejemplo: en las lechuzas el cristalino es 5 veces mayor que en una paloma. Los cristalinos globulares aprovechan la luz de un ángulo mucho mayor, hasta 45°)

- La *visión binocular* (permite un reforzamiento de la imagen).

- Los *ojos frontales. Tapetum lucidum*: capa reflectora de cristales de guanina que reflejan la luz que ha atravesado la retina de forma que la estimulación es doble. Esto aparece en muchos grupos de organismos: felinos, peces, algunas aves, etc.

- *Movimientos retinomotores*: células pigmentadas entre las fotoreceptoras de la retina, que se despliegan y las cubren en parte para evitar la luz muy intensa.

- El *reflejo pupilar* es una adaptación fisiológica para evitar que entre un exceso de luz a la retina.

- *Iris vertical*, permite una abertura mayor en condiciones de penumbra. Típico de felinos.

- *Retina con predominio de bastones*. Los bastones son las células más sensibles aunque no detectan las diferencias en los colores.

- etc.

La luz también puede estar asociada a la *pigmentación* de los organismos. La luz puede tener un efecto negativo sobre el DNA produciendo diferentes rupturas o mutaciones y por ello la *pigmentación del tegumento es una adaptación protectora* en muchos casos. A causa de esto la luz en muchos casos regula el contenido de pigmentos de la piel. La falta característica de pigmentos en la fauna cavernícola (*troglobios*) está asociada a la ausencia de este factor. Se ha comprobado que algunas formas acuáticas se decoloran si se les priva de luz. En muchos casos el control pigmentario de la coloración también ocurre vía visión. Los lucios (peces grandes, depredadores) se aclaran u oscurecen en dependencia de la iluminación ambiental, es por ello que los lucios ciegos son negros.

Todas estas adaptaciones y fenómenos están relacionadas con la intensidad luminosa, sin embargo hay otro factor de la luz que es también muy importante que es el foto periodo. Se entiende por fotoperiodo la *duración relativa de las horas de luz y de oscuridad en un día*. La fotoperiodicidad es *el estudio del impacto estacional de la duración del día en las respuestas fisiológicas*. La duración del día y de la noche es dependiente de la latitud y de la época del año.

Durante la evolución muchas especies han "ajustado" sus ciclos vitales *a los cambios del foto período que son indicadores de los cambios estacionales*. Por ejemplo la mayoría de los rumiantes se reproducen cuando los días son más cortos, de modo que alterando artificialmente la iluminación puede llegar a inducirse su actividad sexual en cautiverio.

La fotoperiodicidad se descubrió primero en las plantas y fue en relación con la floración. Las *especies que florecen únicamente cuando la duración de los días rebasa un cierto número de horas promedio y las noches se hacen proporcionalmente cortas* reciben el nombre de plantas de día largo. Por el contrario están las plantas de días cortos que *florecen solo cuando los días son sensiblemente menores que las noches*. Esta influencia de la fotoperiodicidad regula o condiciona la estación en que florecen diferentes plantas en cada localidad, e influye así mismo en su distribución geográfica. En condiciones naturales las plantas de día largo se desarrollan y florecen solamente en latitudes medias y elevadas a fines de la primavera o a comienzos del verano. Ejemplos conocidos son el rábano, las espinacas y algunos cereales que si se cultivan en lugares de días más cortos que el foto período crítico, los tallos serán más cortos y se suprimirá la floración.

También existen las especies de día neutro que son aquellas *en las que la floración aparece luego de un periodo de crecimiento vegetativo independientemente de la duración del día*. Estudios recientes han demostrado que en la floración lo determinante no es la duración del periodo de luz sino el de oscuridad. En las regiones frías la caída estacional de las hojas es una respuesta adaptativa a la disminución de la cantidad de luz (y a las bajas temperaturas).

En las regiones tropicales, donde las variaciones estacionales de la duración del día son poco acentuadas la importancia ecológica de este parámetro disminuye siendo entonces la alternancia entre las estaciones de lluvia y seca las que determinan los periodos de reproducción de muchas especies. El significado adaptativo de la fotoperiodicidad en las plantas está claro en términos generales: las de días cortos están adaptadas a maximizar el crecimiento de las plántulas en la etapa de condiciones más óptimas; las de días largos están adaptadas a condiciones de polinización por insectos o a largos periodos de maduración de las semillas; mientras que las de días neutros se seleccionan cuando hay incertidumbre acerca de la duración del periodo favorable (como es el caso de los desiertos).

La *fotoperiodicidad también regula el ciclo reproductivo de muchos animales*. Como la mayoría de los organismos se reproducen únicamente en una parte del año, cuando la descendencia tendría más probabilidades de sobrevivir, los organismos necesitan de un estímulo fiable para desencadenar la fisiología de la reproducción y *la duración del día es un excelente indicador porque proporciona un patrón de cambio perfectamente predecible en el año*.

La metamorfosis de los mosquitos, el cambio de pelaje, y otros procesos están regulados por la duración del día. Se conoce que el caracol de agua dulce no desova si la duración del día es de 11 horas y lo hace abundantemente si es de más de 13 horas. Modificando el foto período se ha logrado que las truchas desoven en agosto cuando naturalmente lo hacen en diciembre.

La fotoperiodicidad en las aves se descubre al estudiar las migraciones que si bien se producen a causa de las frías temperaturas invernales con la consiguiente limitación en alimentos, agua y espacio, generalmente se desencadena antes de que estas condiciones aparezcan, regidos por el *foto período*. El foto período es importante como factor regulador en casi todas las latitudes, excepto en el ecuador. El periodo diurno en Cuba oscila entre un mínimo en diciembre con 10.8 h de luz, y el máximo en Julio, con 13.5 horas.

Veamos que ocurre con *el recurso luz en el medio acuático* ya que en este medio tiene un comportamiento diferente debido a la serie de modificaciones que sufre. La principal de estas es *la disminución de su intensidad con la profundidad*, disminución que depende directamente de la refracción y de la transparencia. Esta última a su vez es una función de la turbidez dada por las sustancias disueltas y los cuerpos en suspensión. En adaptación a esto existe una distribución vertical particular de los distintos grupos de organismos. Como habíamos mencionado a medida que aumenta la profundidad también hay una *variación espectral* de la luz que penetra, así el color rojo es uno de los primeros que se absorbe por lo que tiene bajo poder de penetración: a los 4 m ya disminuyó a un 1%, mientras que la luz azul es la más penetrante (aunque de menor contenido energético) ya que a los 70 m solo ha disminuido a un 70%. A la reflexión de esta luz profunda se debe el color azul del mar, el verde lo ponen las algas o sedimentos flotantes.

A esta zonación se han adaptado las algas. Las superficiales tienen pigmentos clorofílicos semejantes a las plantas terrestres que absorben bien el azul y el rojo, mientras que las de mayor profundidad como el alga roja *Porphyra*, tiene pigmentos auxiliares que le permiten absorber la luz verde efectivamente.

En función de esto en el mar se ha definido una zonación vertical en zonas con diferentes características ecológicas:

Zona Eufótica: hasta los primeros 100 m. es la región donde se produce la fotosíntesis.

Punto de compensación: capa donde la tasa de fotosíntesis y la de respiración se compensan. Por debajo de este nivel el oxígeno es limitante al punto que si los organismos planctónicos (fitoplancton) se hunden por debajo de este nivel, si no suben aprovechando una corriente emergente, al poco tiempo muere. En océanos muy transparentes este nivel está alrededor de los 100 m, pero en aguas más productivas, con más plancton y partículas en suspensión, puede estar a pocos metros y en aguas muy turbias (Ej.: estuarios) incluso a varios centímetros.

Zona Disfótica: capa donde la intensidad de luz es insuficiente para la realización de la fotosíntesis pero aún existe abundante vida animal.

Zona Afótica: profundidades oceánicas donde no penetra la luz. Es muy pobre biológicamente.

El mayor volumen de autótrofos oceánicos se localiza en el fitoplancton de la zona eufótica, y son de gran importancia ya que conforman el inicio de todas las cadenas alimentarias oceánicas directa o indirectamente. El resto, las macroalgas bentónicas y zoosteras, se localizan hasta profundidades de 160m, límite máximo donde aún pueden realizar la fotosíntesis.

Para terminar lo relacionado con la interacción de los organismos y la luz, vamos a mencionar dos fenómenos generales muy interesantes: los ciclos biológicos o biorritmos y la bioluminiscencia.

El brillo animal fue descrito por primera vez en una publicación en el año 1815, por un poeta naturalista, sin embargo era conocido por los marinos desde épocas inmemoriales. La bioluminiscencia es *el fenómeno de emisión de radiaciones visibles por organismos vivos.* La producción de luz está ampliamente generalizada dentro de los animales desde protistas hasta cordados. Es más frecuente en animales marinos: algas, radiolarios, medusas, todos los ctenóforos, plumas de mar, poliquetos, caracoles, cefalópodos, crustáceos, ofiuros, tunicados, peces, etc. En tierra solo aparece en algunas lombrices de tierra, colémbolos, coleópteros y miriápodos. En agua dulce solo se ha citado un gasterópodo de Nueva Zelandia (*Latia neritoides*).

El más universal de los organismos productores de luz, y el primero descrito, el flagelado marino *Noctiluca*, responsable del brillo del agua de mar en las noches en las zonas templadas.

La luz es un subproducto común en muchas reacciones químicas y metabólicas, de hecho hasta el hombre emite decenas de fotones por cm^2 de piel cada segundo, pero esta radiación no es visible. Los organismos bioluminiscentes *emiten luz visible entre las longitudes de onda de 470 - 600 nm,* es decir de color entre azul - rojizo y verde.

La luz se produce físicamente de dos formas; por estimulación térmica de un metal (incandescencia) o por medio de reacciones químicas (luminiscencia). En los seres vivos, la luminiscencia es producida por una reacción casi universal que es la reacción de un substrato llamado *luciferina* por una enzima llamada *luciferasa* y oxígeno.

Luciferina + Luciferasa + O_2 ---> Substrato oxidado + luz

Los términos Luciferina y Luciferasa son *genéricos* y no nombran sustancias particulares, sino que estas pueden tener naturaleza variada: la luciferina de coleópteros es un hidrobenzotiazol, en algunos crustáceos es un polipéptido, en medusas es una proteína o un mucus que emite luz al ponerse en contacto con el oxígeno del agua de mar, en bacterias se emplean subproductos de la respiración, en el hidrozoario *Aequorea* es una fotoproteína activada por calcio, etc. Esta sustancia puede ser sintetizada directamente, ser un subproducto metabólico o ingerirse con los alimentos (el pez *Apogon* (cardenal) la obtiene al depredar al ostrácodo *Cypridina*).

La bioluminiscencia se puede producir de dos maneras: de forma *endógena cuando el organismo produce la reacción*, o de forma *exógena* cuando es producida por organismos (generalmente bacterias) simbiontes. A su vez los que la producen endógenamente pueden realizarlo de dos maneras: *intracelularmente*, si se realiza en el protoplasma, o *extracelularmente*, si los reactivos se secretan o segregan al medio.

Se ha sugerido que la bioluminiscencia tuvo un proceso preadaptativo, que surgió primariamente como una forma de utilizar el oxígeno por las formas anaerobias iniciales, para las que este compuesto era tóxico. De ahí que surgieran evolutivamente enzimas, oxidasas o luciferasas, que combinaban el oxígeno que se producía por las descargas eléctricas, la descomposición del agua y por los primeros fotosintetizadores, con substratos específicos y disipando la energía resultante en forma de luz. Ya al transformarse la atmósfera de reductora a oxidante el proceso queda como remanente en los protistas, evolucionando posteriormente hasta la situación actual en respuesta a otras presiones selectivas.

En los organismos superiores se acepta en general que la emisión de luz tiene tres funciones básicas:

- La búsqueda y captura del alimento: por ej. en los peces linternas, por los fotóforos bucales, medusas que atraen a sus presas, etc.

- Como mecanismo defensivo: enmascaramiento, aviso, etc.: calamares, peces, et.

- Reconocimiento de señales especie - específicas.: gusano palolo, poliquetos, peces abisales, coleópteros etc.

Por ultimo tenemos los fenómenos de Biorritmos o ciclos biológicos.

Los biorritmos son formas de manifestarse los organismos: fluctuaciones periódicas dentro de ciertos límites de algunos procesos o fenómenos biológicos, es decir son variaciones cronobiológicas reguladas. Esta ritmicidad biológica está estrechamente relacionada con las fluctuaciones del medio físico.

El número y variedad de fenómenos rítmicos hace difícil su clasificación. Algunos autores los dividen en ritmos y ciclos.

Ritmo: modificaciones cuantitativamente reguladas de cualquier proceso biológico que pueda tener lugar a nivel celular, tisular, de órgano, organismo o población, y que se repite en el tiempo.

Ciclo: implica una sucesión de eventos o modificaciones naturales que no obligatoriamente tienen un carácter repetitivo regulado.

También es importante puntualizar el significado de periodo como el componente de cualquier proceso rítmico.

Entre los biorritmos podemos encontrar los de periodo corto, como la contracción del miocardio, la transmisión de impulsos nerviosos, el vaciado de las vacuolas contráctiles en los protistas, el movimiento cilio - flagelar, etc.; y los de periodo largo que pueden ser diarios, mensuales, anuales o multianuales.

Cada uno de estos ciclos tiene una denominación específica:

- Ciclos diurnos, circadiano o nictemeral: es el que dura 24 horas.

- Ciclo lunar o selenar: es el que dura 29.5 días, y está relacionado con la influencia de la luna sobre la tierra. Es especialmente importante en los organismos litorales que dependen de la marea, aunque también existen en plantas y otros animales.

- Ciclo anual o estacional: duran 6 meses o lo que duren las estaciones.
- Ciclos multianuales: son los más escasos, y aparecen cada varios años, generalmente 4, en algunos animales de la tundra.

Los ciclos biológicos o biorritmos son regulados por diferentes factores. En dependencia de ello se clasifican en exógenos, cuando son regulados por factores abióticos externos y endógenos cuando resultan de mecanismos fisiológicos influenciados pero no determinados por factores abióticos externos.

2.2.2. Temperatura: características. Papel ecológico. Adaptaciones de los organismos a la temperatura.

La temperatura es el otro *de los factores más importantes que limitan la distribución de las especies sobre la tierra.* Por ello no es sorprendente la gran cantidad de estudios que existen sobre ella (es tal vez el factor más estudiado).

En comparación con los miles de grados en la escala térmica que existen en el universo, la vida de base carbono de la tierra solo se puede desarrollar en una pequeña porción de la escala, de unos cientos de grados, es decir desde -200° (donde nada vive, pero algunos que seres soportan sin morir) hasta 100°C aunque algunos *termófilos* extremos superan esta cifra en condiciones muy particulares).

Los *límites vienen dados por las temperaturas de congelación y ebullición del agua,* dada la importancia de este elemento para la vida, como ya habíamos visto. Por supuesto, la mayoría de los organismos solo viven en unos límites mucho menores que estos, usualmente de una o dos decenas de grados.

En la propia superficie de la tierra la temperatura mínima que existe en condiciones naturales es en el Norte de Siberia, de -70°C, y la máxima (sin contar las fuentes geotermales ni volcánicas), en los suelos de los desiertos que alcanza 60°C.

La *temperatura también está sometida a variaciones espaciales y temporales muy marcadas.* Tanto las oscilaciones diarias o estacionales como las espaciales, están directamente relacionadas con la iluminación ya que *la conversión de la radiación solar a calor es la principal fuente para la vida.* Las otras *fuentes potenciales provienen del magma por erupciones volcánicas, manantiales térmicos o géiseres* que, en conjunto, son demasiado impredecibles y violentos para ser aprovechados por los seres vivos. La variación latitudinal de la intensidad luminosa en relación *al ángulo de incidencia* y al *trayecto atmosférico* son los mismos determinantes de la disminución progresiva de la temperatura hacia los polos (en estos solo llega el 40% aproximadamente de la radiación que llega al ecuador).

Igualmente *la inclinación del eje de rotación de la tierra y la forma elíptica de la órbita terrestre* tiene sus implicaciones en la vida terrestre a través de las variaciones estacionales y latitudinales de la iluminación que determina y de la temperatura.

Desde el punto de vista biogeográfico las variaciones espaciales de la temperatura no solo están determinadas por la iluminación, sino también *por la distribución de la tierra y el agua.* por las propiedades térmicas del agua. La tierra y el agua absorben el calor con diferentes intensidades: *la tierra se calienta mucho más rápidamente, pero también se enfría más rápido.* El agua por sus características y por el intercambio vertical lo hace mucho más lentamente. Debido a esto *las variaciones en las temperaturas son mucho más pronunciadas en tierra que en el agua* y esto determina las características que los meteorólogos denominan en conjunto clima continental y clima oceánico. A la diferencia entre la temperatura máxima y mínima en un día se denomina amplitud de la oscilación diaria. Esta amplitud es mayor en el interior de los continentes que en las zonas costeras e islas.

Las variaciones en la temperatura no solo se producen por la proximidad a las masas de agua, también viene dadas por la influencia de los vientos dominantes, la topografía, la altitud, las capas de nubes que aíslan la pérdida por irradiación de la superficie y reducen la amplitud de la oscilación diaria, etc. También influye la condición micro climática: debajo de un dosel arbóreo hay un gradiente en el que la temperatura es más variable mientras menor es la altura sobre el suelo. También la temperatura depende de la topografía del terreno; las concavidades irradian el calor del suelo más rápidamente, y por ello en las regiones bajas, hundidas, la temperatura disminuye más.

La variabilidad de la temperatura es sumamente importante en la Ecología. Una temperatura que oscile entre 10 y 20 con promedio 15 es diferente de una temperatura constante de 15 °C. Se ha comprobado que los organismos sujetos normalmente a temperaturas variables se deprimen, inhiben o retardan si son sometidos a temperaturas constantes.

La larva de la Mariposa del Manzano se desarrolla un 7-8 % más rápido en temperaturas variables que en constantes. En los huevos del saltamontes la variabilidad de la temperatura acelera el crecimiento en un 38.6 %.

Los organismos y su ambiente tienen toda una serie de mecanismos de intercambio térmico: radiación, convección, transpiración, etc. (convección: intercambio térmico entre una superficie que irradia calor por conducción hacia un medio que se desplaza sobre ella con reordenamiento de las moléculas)

Los organismos tienen muchas formas de adaptarse a la temperatura., los animales se dividen en Homeotermos (endotermos) y Poiquilotermos (ectotermos) en relación a sus mecanismos termo regulatorios. Los *endotermos regulan la temperatura corporal por medio de producción de calor metabólico dentro de su cuerpo*, mientras que *los ectotermos dependen de fuentes exteriores de calor.* Esta distinción, sobre todo en Ecología *no es totalmente exacta*: algunos reptiles, peces e insectos (abejas, mariposas, libélulas) utilizan calor generado por su propio cuerpo para regular la temperatura corporal durante periodos cortos de tiempo. En algunas plantas, universalmente consideradas ectotérmicas (aunque generalmente en este aspecto de la temperatura se olvidan de ellas), como *Philodendron* y la aracea *Symplocarpus foetidus,* el calor metabólico mantiene la temperatura de la flores constante. A su vez ciertas aves y mamíferos relajan o detienen el control de la temperatura en casos extremos, pasando a dormancia o hibernación.

Las conductas termorregulatorias de los ectotermos representan adaptaciones particulares ante este factor. Por ejemplo la forma en que se sitúan los lagartos en relación a la luz solar es una muestra de ello. En las primeras horas de la mañana, cuando las temperaturas son bajas se sitúan perpendiculares a los rayos del sol para absorber máximamente el calor, mientras que en épocas de calor se sitúan paralelamente minimizando la absorción. También explotan diferentes subnichos estructurales en dependencia de la temperatura o se comportan de forma diferente. Los cangrejos violinistas *Uca spp.* Termorregulan pasando diferentes lapsos de tiempo en el fondo frío de sus galerías. Los homeotermos también tienen múltiples adaptaciones.

 Por ejemplo: sudor (pérdida evaporativa), jadeo, boca abierta en cocodrilos, algunas cigüeñas defecan sobre sus patas para refrescarlas, pilo erección, vasoconstricción o vaso dilatación cutánea, mecanismos de latencia: torpor, dormancia, hibernación, estivación, etc. Algunos ectotermos también tienen estivación, por ejemplo, moluscos terrestres como las polymitas.

Desde el punto de vista ecológico la temperatura actúa sobre 4 factores: *la supervivencia, la reproducción, el desarrollo* y *la distribución geográfica.*

Sobre cada uno de estos elementos el efecto limitante o controlador puede ser bien la temperatura máxima, la mínima, la variabilidad o el promedio.

Sobre la reproducción por ejemplo actúa bien estimulándola o retardándola en relación con su valor. Algunas semillas de latitudes altas necesitan una experiencia de frío (evidencia metabólica del paso del invierno) para comenzar la germinación, el crecimiento y la reproducción. Los ostiones pueden producir de 2 a 4 millones de huevos en dependencia de la temperatura del agua, con una relación directa.

Todos los organismos tienen dentro de su rango de tolerancia térmica una temperatura letal superior y una temperatura letal inferior que ponen los límites pasados los cuales sobreviene la muerte. Antes de llegar a estos límites existe una zona de inanición en la cual los organismos viven, pero en la cual su desarrollo y muchos procesos metabólicos se detienen. Y por último está la zona térmica de actividad en la cual desarrolla normalmente su ciclo de vida. Los organismos que toleran un amplio rango de temperaturas se denominan euritérmicos y los que no, estenotérmicos.

La estenotermia de los organismos planctónicos oceánicos es la causante fundamental de los desastres ecológicos que produce el fenómeno de El Niño Oscilación Sur (ENOS). En 1926, la corriente de Humboldt se alejó de la costa del Perú, dando paso a que la contracorriente cálida de El niño llegara más al sur de lo usual, donde aumentó en 5-6°C la temperatura. Esto provocó la muerte masiva del plancton. Millones de peces murieron y fueron arrojados a las costas, así como miles de aves piscívoras. La pesca prácticamente desapareció, ya que los peces que sobrevivieron migraron hacia aguas más profundas buscando su rango óptimo de temperatura. Las personas perdieron su sustento y la crisis económica subsiguiente fue terrible. Esto además de los cambios climáticos que se produjeron por esta alteración térmica, que causo lluvias torrenciales que arrastraron toda la materia orgánica acumulada en las costas hacia el mar.

Por lo general *existe una relación inversa entre el desarrollo y la temperatura*: a menor temperatura se hace lenta la velocidad del desarrollo. Esto viene dado por el efecto de la temperatura sobre la velocidad de las reacciones químicas. La Ley de Van'T Hoff (química - física) demuestra que una variación de 10 grados de la temperatura incrementa en 2-4 veces la velocidad de las reacciones químicas. Como a la larga la vida no es más que un complejo de reacciones químicas que "lucha contra la entropía" es que se debe el efecto de la temperatura sobre los procesos vitales: es por ello que el corazón de una rana late a 15°C tres veces más rápido que a 5, y a 25° unas tres veces más rápido que a 15. Sin embargo si se calienta una rana hasta más de 30 °C los latidos del corazón se hacen irregulares y terminan deteniéndose a los 44°C donde sobreviene la muerte térmica.

A temperaturas tan altas comienza la *coagulación del protoplasma por desnaturalización de las proteínas*. Además sin tener que llegar al extremo las altas temperaturas pueden producir desequilibrios metabólicos: por ejemplo, las plantas muestran una respiración mayor que la fotosíntesis y por lo tanto la planta "pasa hambre" ya que consume los metabolitos más rápido de lo que los produce. Para la mayoría de los árboles el punto máximo letal es de 55°C, pero el punto térmico de compensación fotosíntesis - respiración, es de 50°C (la temperatura mínima letal para las especies tropicales está entre 0 - 10°C).

Muy sensibles a la temperatura son los sistemas enzimáticos. Las enzimas solo funcionan óptimamente en estrechos márgenes de temperatura. Su actividad depende de la conformación espacial de sus centros activos, y tanto las altas como las bajas temperaturas hacen cambiar la configuración espacial de la molécula de modo que pierden afinidad por su substrato. Al igual que las enzimas los transportadores de membrana cambian su actividad con el frío, basados en el mismo mecanismo, por ello la disminución de la temperatura, disminuye también la permeabilidad de las membranas de las raíces de las plantas.

Los organismos más termófilos de la tierra son considerados los crenobios extremos de los manantiales geotermales (crenobios: organismos que habitan en los manantiales), cuya temperatura óptima de crecimiento es de 92°C, y que viven en Kamchatka y en Nueva Zelandia. Una característica curiosa de estas bacterias es que son extremadamente estenohalinas: basta un 0.2% de sal en el medio para deprimirlas por completo. Sin embargo recientemente se han encontrado bacterias denominadas termófilas supraextremales, que se desarrollan en fuentes hidrotermales submarinas a temperaturas de 350°C y presiones de 265 atm, condiciones en las que tanto el plomo como el agua, son líquidos (¡Puede decirse que pueden vivir casi que en plomo hirviente!). Estos son los parámetros más drásticos en los que se ha descubierto vida porque incluso el agua que emana de estas fuentes es extraordinariamente rica en fuertes ácidos inorgánicos, ácido sulfúrico, sales de metales pesados, nitratos, etc.

Por otra parte las temperaturas demasiado bajas además de que enlentecen el metabolismo desequilibrándolo hasta producir la muerte, al llegar al punto de congelación del agua se produce la *cristalización* de esta. *Los cristales al formarse dañan las membranas citoplasmáticas y destruyen otras estructuras celulares*, pero sobre todo a veces el efecto más dañino no es este sino la sequía fisiológica que produce ya que *los compuestos orgánicos se concentran hasta límites letales por la congelación de su solvente* (esto es especialmente notable en las plantas de lugares fríos).

En las plantas también se presenta el problema de que al congelarse el agua en los vasos, los gases disueltos forman burbujas sobre el hielo, que al descongelarse rompen la continuidad de la columna, uno de los factores más importantes del transporte xilemático. En respuesta a esto han desarrollado 3 adaptaciones fundamentales: células xilemáticas muy finas para que las burbujas sean tan pequeñas que se redisuelvan (Ej.: sauces, álamos, etc.); mayores presiones radicales que rellenen los espacios (Ej.: abedul) y el desarrollo de vasos grandes muy rápidamente al comienzo de la primavera antes de que salgan las hojas (Ej.: nogal, robles). Por estas y otras adaptaciones hay árboles que soportan congelamientos de hasta -196°C sin morir. En las semillas hay otro mecanismo para resistir que es la ausencia de agua, así las semillas de ciertos pinos que son las de máxima resistencia al frío que se conocen, soportan temperaturas tan bajas como las mínimas que ha logrado obtener el hombre en sus laboratorios y no morir.

Los *límites térmicos de supervivencia de las especies son variados y dependen de múltiples adaptaciones morfológicas, fisiológicas y conductuales.* Hay organismos que resisten el descenso de la temperatura corporal cayendo en un estado de anabiosis o animación suspendida. Muchos animales y plantas contienen líquidos especiales que *hacen reducir el punto de congelación del agua de sus tejidos.* Algunos peces antárticos evitan la congelación en agua a temperaturas hasta de -1.9 °C con una alta concentración de glicoproteínas muy básicas, con muchos grupos OH, que son esenciales para la actividad anticongelante. Muchos insectos evitan el congelamiento produciendo elevadas concentraciones de sorbitol o manitol en invierno.

También las concentraciones de sales hacen disminuir el punto de congelación. El agua de mar congela a -1.9°C. pero como las concentraciones altas de sales desestabilizan fuertemente las proteínas no es un mecanismo eficiente, por lo que los solutos que se acumulan son glicerol y glicoproteínas.

El súper enfriamiento es otra de las soluciones adaptativas que se han observado. El hielo se forma alrededor de pequeños núcleos de cristalización llamadas "semillas", que bien pueden ser otros pequeños cristales o partículas de polvo en suspensión. El agua pura, sin semillas, puede llevarse hasta -20°C sin cristalización. Esto es lo que se conoce como supercooling y ha sido detectado naturalmente en reptiles (hasta -8°C) y en invertebrados (hasta -18°C).

Otros organismos emplean un mecanismo desconocido para restringir la cristalización a los espacios intercelulares, mientras que no se forma hielo dentro de las células y por tanto no hay daño intracelular.

Para regular la temperatura corporal los endotermos tienen múltiples adaptaciones fisiológicas y conductuales: el temblor y el titiritar son formas de generar calor por actividad muscular para aumentar la temperatura, la pilo erección garantiza mantener una capa de aire relativamente constante con la que el intercambio de calor es menor, la vasoconstricción - vaso dilatación periférica son mecanismos para regular la pérdida de calor, bien para aumentarla como para disminuirla. En muchos casos aparecen mecanismos sanguíneos de contracorriente que permiten limitar la pérdida de calor.

Este tipo de adaptación aparece en los túnidos, algunos mamíferos y aves. Por ejemplo tenemos el caso de las Gaviotas del ártico. Estas especies se posan normalmente sobre el hielo, por lo que la temperatura de sus patas desciende bruscamente. Mantenerlas a la temperatura corporal sería energéticamente muy costoso, por lo que se adaptaron a esto de una forma particular. Primero, como sucede en casi todas las aves, las patas que como están desnudas perderían mucho calor, no contienen casi ningún tejido metabólicamente activo. Los movimientos de los dedos y articulaciones se realizan por un sistema de tendones que actúan como poleas accionados desde los músculos del muslo, que si está protegido contra la pérdida de calor. Por lo tanto la disminución en ellas de la temperatura no trae afectaciones funcionales importantes. Pero como quiera que son tejidos vivos necesitan la aireación y los nutrientes de la sangre, y la sangre tiene 36° C, calor que se perdería constantemente al estar sobre el hielo.. Pero tienen un sistema de contracorriente que hace que la sangre arterial al dirigirse a la pata corre paralela a las venas que regresan con sangre fría, de modo que por intercambio de calor la sangre venosa absorbe el calor de la arterial de modo que al regresar al centro del cuerpo ya tiene una temperatura normal y la arterial al llegar al extremo de la pata ya va fría por lo que no pierde el calor hacia el exterior.

Este mismo sistema de contracorriente aparece en la pared de los túnidos que de este modo, aunque son ectotermos, pueden conservar la temperatura producida por la acción muscular del nado, y así mantenerse varios grados más calientes que el agua, lo que garantiza un mejor funcionamiento de los músculos.

Ahora bien, ¿cómo afecta la temperatura la distribución de los organismos? En primer lugar por supuesto *las isotermas letales determinan los límites de distribución latitudinal y latitudinal*, pero el límite no es exacto.

Un análisis de las diferentes influencias térmicas manifiesta que para la existencia de una especie en un lugar debe cumplirse que: - la temperatura sea siempre dentro de los límites tolerables por el organismo   y - que la temperatura debe estar dentro del rango térmico de actividad, es decir, ser lo suficientemente baja (o alta), en un periodo lo suficientemente prolongado, para permitir la reproducción y el desarrollo de la especie. De esto depende la presencia o no de poblaciones de determinadas especies en determinados lugares. Los organismos no pueblan los lugares donde "ocasionalmente" aparecen condiciones letales. Un ejemplo extremo de esto es la presencia de líquenes en los *nunatacs* antárticos (salientes rocosos que sobresalen del hielo), en los que se han encontrado líquenes y donde la temperatura solo se eleva por encima de cero algunos días al año, tiempo suficiente para que estas especies se reproduzcan y sobrevivan.

También ocurre que la temperatura puede modificar la distribución de un organismo   de forma indirecta al determinar la distribución de sus competidores o depredadores. Suele ocurrir que la distribución de un organismo se dispone en forma de bandas separadas sin ocupar el espacio intermedio por habitar ahí un competidor importante o un depredador.

Dentro de las adaptaciones al frío de diferentes especies o raza es importante señalar la presencia de dos reglas generales que se conocen en la literatura como *Regla de Allen y Regla de Bergman*.

La regla de Allen predice que *los organismos de latitudes frías tienen extremidades y protuberancias más cortas que sus congéneres de climas cálidos*, y esto se relaciona con las patas, orejas, hocicos, colas, ramas, etc., y viene dado porque a través de estructuras como estas se produce con mayor intensidad la pérdida de calor, y el riesgo de congelación de las mismas es mayor. Esto se ha demostrado para innumerables especies incluyendo al hombre.

La Regla de Bergman, muy relacionada a la anterior predice que *los organismos de las latitudes frías son a menudo de mayor tamaño que sus congéneres de zonas cálidas* ya que la proporción volumen/área corporal debe ser menor para evitar la pérdida de calor por evaporación. Los animales de pequeño tamaño pierden mucho más calor y requieren metabolismos más intensos para poder sobrevivir. Esto también ha sido demostrado para muchos organismos, y también para el hombre.

El tamaño mayor también pude proteger a los animales ectotermos de la congelación: la medusa Aurelia aurita, en nuestras condiciones alcanza tan solo unos 30 cm. máximo como diámetro, y en los mares polares puede llegar a 1 metro de diámetro.

Mantener la temperatura corporal elevada es energéticamente muy costoso para los endotermos y sobre todo para los acuáticos o los polares. Una estrategia adaptativa frecuente es la de no luchar contra la temperatura exterior produciendo más y más calor, sino solamente no permitir que la temperatura escape.

Por un mecanismo similar los túnidos, y el tiburón azul, son capaces de mantener el calor metabólico producido por el esfuerzo muscular y así permanecer con una temperatura superior en 10°C a la del medio.

2.2.3. Agua. Características físico - químicas. Importancia y papel ecológico. Adaptaciones a la disponibilidad de agua y a la vida acuática.

El **agua** es posiblemente la molécula inorgánica más importante para la vida. De *hecho el protoplasma celular está compuesto en un 98-99% de este elemento* y también al agua ocupa una extensión 2.5 veces mayor que la de la tierra. El agua tiene una serie de características que la hacen única entre los líquidos y que son las que han posibilitado el surgimiento y la evolución de la vida en el planeta. ¿Cuales son estas propiedades y como influyen en la vida de los organismos?

- El agua tiene un *elevado calor específico* que hace que se requieran energías elevadas para cambiar su temperatura. Esto hace que el medio acuático pueda actuar como tampón térmico al atenuar las variaciones de temperatura, influyendo así decisivamente en el clima de vastos territorios. Es un medio térmicamente más homogéneo ya que su conductividad es baja.

- El agua es única ya que su estructura molecular hace que cuando se congela, al revés que con el resto de los sólidos, se *dilata* en lugar de contraerse por lo que *su densidad disminuye*. Por ello el hielo *flota*, y al llegar el invierno en las zonas frías solo se congela la superficie de los cuerpos de agua, preservándose la vida en el fondo.

- El agua es un *solvente universal, muy bueno para iones aunque menos para gases* por lo que en su seno, en la gama de temperaturas en la que es líquida pueden ocurrir cientos de miles de reacciones químicas y bioquímicas que en última instancia forman el fenómeno de la vida. El relativamente bajo poder de disolución para los gases hace que el oxígeno sea más frecuentemente un factor limitante que en la tierra.

- Es un líquido con una elevada *fuerza de tensión superficial* y cohesión molecular interna lo que tiene implicaciones ecológicas muy importantes ya que permite la retención del agua por el suelo (alrededor de los microgranos), permite la translocación del agua por capilaridad por los vasos conductores de las plantas, sirve de substrato a la fauna *epinéustica*, etc.

- Tiene una *alta densidad y viscosidad* en relación con el aire (unas 800 veces más denso: d_{agua}= 1.000 - 1.028 g/cm^3; d_{aire}= 0.0013 g/cm^3), lo que implica que los organismos móviles acuáticos tengan que adaptarse a vencer esta resistencia o la aprovechen para flotar. También esta densidad origina el marcado gradiente de presión hidrostática con la profundidad que determina múltiples adaptaciones en la fauna *abisal*.

- La *densidad óptica y la transparencia* del agua es mucho menor que la del aire, lo que limita la cantidad de luz que penetra, bien por reflexión como por absorción, lo que a su vez influye directamente sobre la productividad primaria (PP) de los ecosistemas acuáticos a la capa de los primeros 100 m, que se denominan capa *botica*, que luego del punto de compensación en que la respiración equivale a la fotosíntesis, se transforma en la región *afótica* donde no existe PP fotosintética. Muy importante en este sentido es la *absorción diferencial* de la luz con la profundidad. *Las longitudes de onda cortas se absorben mucho más rápidamente que las largas.* Por ello el color que más profundamente penetra es el azul que luego al reflejarse es el responsable del color azul del mar (el verde lo ponen las algas y sedimentos)

Sabemos que el agua es uno de los dos medio que existen para los organismos y mencionábamos que el agua tiene características muy particulares que la convertían en un medio de características peculiares. Estas características están en relación con sus propiedades, y de ellas las más significativas son: *la densidad, la capacidad de disolución* y *la conductividad térmica.*

El agua en el planeta no se encuentra estática, sino que forma parte de un ciclo biogeoquímico muy importante entre sus dos mayores reservorios: el océano y la atmósfera. Esto es lo que se conoce como el *ciclo del agua. La distribución mundial de las precipitaciones determina la distribución geográfica de muchas especies y comunidades.* Existe un cinturón circumecuatorial de máxima pluviosidad determinado por el sistema de vientos planetarios, bordeado de dos franjas de menos lluvia (tropicales).

Las *formas de abastecimiento del agua a los sistemas ecológicos* son tres: el agua superficial y sub - superficial, que incluye ríos, lagos, nieve, mares, manto freático, etc.; el agua de las precipitaciones: la lluvia, la nieve y el rocío; y por último en forma de Humedad Relativa (HR).

La **Humedad Relativa** es una de las condiciones abióticas de importancia para los seres vivos, *con la particularidad de que también es un factor* para algunos (como muchas plantas). La humedad en general representa la cantidad de vapor de agua en el aire. Existe la *Humedad Absoluta* que es *la cantidad absoluta expresada en g de agua por kg. de aire.* Pero como la capacidad de retener el agua por el aire depende de la temperatura se utiliza más frecuentemente en los estudios de Ecología la *Humedad Relativa* que representa *el por ciento de vapor efectivamente presente en comparación con la saturación en las condiciones de presión y temperatura existentes.*

La humedad relativa ha sido la medición más utilizada, junto con la temperatura, en los estudios ecológicos, ya que *desempeña un papel muy importante en la regulación de las actividades de los organismos y en la limitación de su distribución.* La HR *da una medida de la fuerza de evaporación* (al determinar el gradiente hacia el aire) lo que es especialmente importante para las plantas terrestres al ser la evapotranspiración una de las fuerza motoras del transporte xilemático. Para los animales actúa de forma similar al determinar el nivel de pérdida evaporativa tendrá el organismo o al influir sobre otros mecanismos como la termorregulación y la respiración.

Por ejemplo, la resistencia a la temperatura es altamente dependiente de la HR. El Gorgojo del Algodón tolera temperaturas más elevadas cuando la HR es menor. Inversamente los mamíferos termoregulan mejor si la humedad relativa es baja, ya que se libera el calor por pérdida evaporativa al eliminar el sudor en la superficie corporal.

En los organismos terrestres *el agua ejerce su función como factor limitante al influir sobre:*

- la longevidad
- la velocidad del desarrollo (insectos (larvas) y semillas, que no desarrollan hasta que aumenta la humedad)
- la reproducción (tanto el apareamiento como la madurez sexual está controlada en muchos casos por los periodos lluviosos)
- comportamiento
- densidad de población
- distribución geográfica.
- distribución dentro de su hábitat.

El agua como recurso ha determinado el desarrollo evolutivo de un gran número de adaptaciones, que pueden dividirse arbitrariamente para su estudio en tres grandes grupos, válidos tanto para plantas como animales: *adaptaciones a la sequía, adaptaciones al exceso de humedad*, y *adaptaciones a la vida acuática.*

La hidratación es una condición necesaria para que se produzcan las reacciones metabólicas. Ningún organismo es hermético al agua y por ello el líquido de su cuerpo debe ser renovado continuamente, bien sea por *absorción tegumentaria*, por *ingestión* o por *oxidación metabólica de los alimentos*. Un hombre puede soportar sin graves consecuencias perder el 40% de su peso corporal, incluyendo la mitad de sus proteínas, y toda su grasa y glucógeno. Pero si pierde solo el 10 % del agua, sufre trastornos muy graves, y al perder el 40% muere. Similarmente ocurre en la mayoría de los animales por lo que la retención del agua es muy importante.

La resistencia a la deshidratación o a la sequía se consigue por variados mecanismos. Existen tres *estrategias fundamentales: aumentando la absorción, disminuyendo la pérdida y/o almacenando agua*. En las plantas el aumento de la absorción se logra por las raíces fundamentalmente aunque algunas son capaces de absorber la humedad del aire.

El principal recurso de agua para las plantas se encuentra en el suelo, donde existe una reserva importante. Cuando el agua cae por la lluvia, rocío o nieve fundida es absorbida y retenida por los micro poros de las partículas del suelo. En el suelo luego de la lluvia queda el agua gravitacional (que se infiltra), el agua capilar (que permanece entre los granos), el agua combinada químicamente con las sustancias del suelo y finalmente el agua higroscópica. Los granos que forman el suelo retienen en su superficie una fina capa de agua (por la fuerza de tensión superficial). Por ello los suelos más finamente particulados retiene mayor cantidad de agua, mientras que los suelos más granulosos permiten mayor percolación o filtrado hacia el manto freático en las capas más profundas a veces fuera del alcance de las raíces. La máxima cantidad de agua mantenida así por los poros del suelo se denomina **capacidad de campo** del suelo, dada por la combinación del agua capilar, higroscópica y combinada. También existe un límite inferior por debajo del cual ya la planta es incapaz de "quitarle el agua al suelo", las raíces no tienen fuerza de succión suficiente, dejando esta de ser accesible, que se denomina Punto de marchitez permanente. Cuando la raíz toma agua de los poros crea una zona de privación de agua que determina gradientes de potencial de agua entre los poros y capas conectadas de agua en el suelo que hace que al agua fluya hacia la raíz, pero si el agua está en o por debajo del punto de marchitez permanente esto no sucede.

Un depredador puede cazar una presa persiguiéndola o esperando que la presa se le acerque. Existen analogías de ambos procesos entre las plantas en el modo en que una raíz "captura" agua y nutrientes. Las raíces tienen formas de crecimiento adaptadas a la búsqueda. Por ejemplo: las raíces solo se ramifican hacia los lados solo después de alargarse "para ver" o explorar si las condiciones son apropiadas. Luego es que las raíces secundarias crecen de las primarias, y las terciarias de las secundarias, y así sucesivamente. Esta forma de crecimiento garantiza abarcar un volumen amplio de suelo minimizando la superposición de unas zonas de privación con otras.

Podemos decir que las raíces tienen una forma de desarrollo oportunista ya que siguen las porciones de suelo con mejores características, lo que depende de la capacidad de reaccionar de cada raicilla de una forma muy local. Un claro ejemplo de esto aparece en un fenómeno muy raro y curioso que se produce cuando las raíces de un arbusto en crecimiento en una turbera encuentran un cuerpo humano en descomposición, como se han dado casos. La turba es un tipo de suelo orgánico muy ácido y en ella los procesos de descomposición son muy lentos y los cadáveres tienden a momificarse. Cuando ocurre esto las raíces que penetran primero al cuerpo comienzan a ramificarse internamente muy rápidamente ya que la cantidad de nutrientes es muy elevada, y finalmente termina todo el sistema radicular teniendo la forma del cuerpo humano, con los huesos entrelazados entre ellas.

El sistema radicular que la planta establece en su desarrollo determina su capacidad de respuesta futura. En plantas anegadas al principio de su ciclo de vida desarrollan un sistema radicular compacto y superficial que no crece hacia las zonas anaerobias profundas. En una época más avanzada esta misma planta puede sufrir la sequía mucho más que una planta que desde sus inicios desarrolló una raíz axonomorfa que penetra más profundamente y que si bien no aprovecha tan eficientemente los chubascos, garantizan el suministro del líquido mucho tiempo después de una lluvia.

Entre los animales también hay muchas *adaptaciones para la absorción de agua*. La forma más común es la de **beber** *o extraerla de los alimentos.* También hay *animales que han desarrollado la adaptación de absorber el agua de la Humedad del aire*, como sucede con insectos desertícolas, como las cucarachas de arena *Arenivaga investigata*, del sudoeste de los EUA. Esta especie se alimenta de detritus de plantas en las dunas y cuando la humedad atmosférica supera el 85% comienza a absorberla, no se sabe bien si por las tráqueas o por la cutícula. Otros insectos en estas mismas condiciones *se han adaptado a cavar profundamente buscando el agua retenida en las capas más profundas.*

En otros organismos como la Rata canguro (*Dipodomys*) de estos desiertos, son capaces de obtener **agua metabólica** por medio de la oxidación de los compuestos de los alimentos. El almidón produce así 0.56 g de agua /g de almidón, las grasas producen 1.07 g de agua, y las proteínas 0.40 g. este mismo proceso es importante en las semillas de las plantas de lugares áridos.

Sin embargo no basta absorber eficientemente el agua, sino que se hace necesario retenerla y para ello también son numerosas las adaptaciones. En las plantas, por ejemplo, no se debe despreciar la transpiración: 1 hectárea de robles transpiran 25 000 litros de agua por día, y este valor puede aumentar en relación directa con la velocidad del viento: a 8 Km. /h la tasa aumenta un 20% y a 24 Km. /h a un 50%.

Es por ello que *en las plantas los mecanismos para evitar la pérdida de agua incluyen*:

- *cutículas impermeables.*
- *ritmos de apertura y cierre estomático* bien controlados.
- diferente *distribución y densidad de los estomas* en las partes de la hoja (más numerosos en el envés).
- *cutículas gruesas* que no solo impermeabilizan sino también reflejan gran parte de la radiación no perteneciente al rango fotosintéticamente activo, lo que evita el calentamiento de la hoja y mayores pérdidas evaporativas.
- *rasgos estructurales* que reducen el gradiente de difusión (pelos, estomas hundidos, etc.).
- formas particulares de las estructuras foliares.

Un caso extremo de esto se da en el arbusto israelí *Teucrium polium* que presenta un polimorfismo secuencial de las hojas. Cuando hay agua disponible las hojas son finamente divididas y de cutícula fina. Cuando el clima se va haciendo más seco estas hojas se sustituyen por otras pequeñas, no subdivididas y de cutículas gruesas que finalmente al caer en la estación seca son sustituidas por espinas verdes. Cada morfo foliar es sustituido por otro con menor capacidad fotosintética pero con menos pérdida de agua.

- Las plantas también tiene varias adaptaciones fisiológicas importantes. Una de ellas es la *disociación entre los procesos de absorción de CO_2 y la fotosíntesis*: la absorción de CO_2 conlleva abrir los estomas, cosa que hacen de noche para evitar las pérdidas de agua. El CO_2 absorbido lo almacenan en forma de ácidos orgánicos y durante el día, con los estomas cerrados, realizan la fotosíntesis. Estas plantas se denominan CRA (Crassulacean Acid Metabolism). Ejemplo: *Echinocactus, Tillandsia, Opuntia*, etc.

- En otras existen *diferentes mecanismos de fijación del CO₂*, que son los conocidos ciclos C3 y C4. Las plantas C4 (donde el CO_2 se fija como ácidos tetracarboxílicos) tiene un mecanismo que aumenta el gradiente de difusión del CO_2 logrando una mayor absorción sin perder más agua. Ejemplos de plantas C4 son. Maíz, caña, mijo, arrocillo, etc. Plantas C3: trigo, centeno, habas, robles, abedules, pinos, etc. Plantas mixtas: euforbias, cyperus, etc.

Las plantas pueden *clasificarse de acuerdo a sus requerimientos de agua* en:

Hidrófitas: acuáticas (lirio de agua, algas, etc.).

Hibgrófitas: suelos anegados (arroz, macío, mangles).

Mesofitas: viven en condiciones intermedias de humedad.

En este caso las plantas están adaptadas a tolerar cortos periodos de sequía. Las mesófitas anuales superan esto terminando su ciclo de vida antes de que el suelo llegue al punto de marchites permanente y pasando el periodo crítico en estado de semilla latente, otras plantas perennes reducen sus tasas metabólicas y caen en un estado similar a la latencia.

Xerófitas: viven en hábitat secos. Son las que mayor número de adaptaciones o adaptaciones más drásticas, muestran dado lo extremo de las condiciones (microfilia, espinas, hojas coriáceas, cutículas muy gruesas, sistemas radiculares extensos, parénquima de almacenamiento, receptáculos para la recepción y conservación de agua como sucede con los curujeyes cuyo micro hábitats es seco al retener poca agua el substrato).

Entre los animales las *adaptaciones para evitar la desecación* son innumerables. Ellos también tienen problemas hídricos pero en general son más soslayables porque se mueven lo que les brinda *la posibilidad de seleccionar el hábitat más adecuado.*

La conservación del agua es el principal problema que tuvieron que enfrentar los animales al conquistar la tierra.

En los artrópodos hay dos grandes grupos: uno que incluye crustáceos, ciempiés y milpiés que evitan la desecación seleccionando micro hábitat húmedos como la hojarasca o suelos húmedos y son activos por las noches, otro grupo que incluye la mayoría de los insectos, arañas y ácaros, que poseen *cera impermeabilizante en el tegumento.*

La conservación del agua ha estado enfrentada constantemente con el intercambio gaseoso, ya que las superficies respiratorias se deben mantener húmedas y ventiladas para garantizar su función y esto implica grandes gastos en agua. A lo largo de la evolución la tendencia dominante fue la *interiorización de estas superficies*, lo que dio lugar a los pulmones, sacos pulmonares y a las traqueas. Pero aun así los problemas no se eliminaban por lo que estos sistemas se aparejaban con otros mecanismos para evitar la pérdida del agua. Por ejemplo los espiráculos de los insectos reaccionan a la humedad tanto como al oxígeno y CO2. La pérdida a través de la cutícula se evita con la capa cerosa.

Las vías respiratorias de los mamíferos que viven en desiertos también tienen mecanismos para preservar el agua. La rata canguro por ejemplo tiene las vías respiratorias muy convolucionadas transversalmente para que el vapor se condense sobre ellas al expirar (las paredes se enfrían durante la inhalación).

Los moluscos, anfibios y otros organismos de cuerpo blando evitan la desecación cubriéndose de un *revestimiento higroscópico*, por ejemplo, mucosidades aislantes. Los *pelos y plumas además de su función termorreguladora, también contribuyen a disminuir la pérdida de agua.*

Además de la respiración *los mecanismos excretores son otra de las fuentes de pérdida potenciales mayores de los organismo terrestres. Estos mecanismos se adaptan a concentrar fuertemente la orina, a la vez que el largísimo intestino hace que la materia fecal se deshidrate bien.*

Muchos crustáceos, milpiés y ciempiés excretan los desechos nitrogenados en forma de amoniaco, que suele ir disuelto en agua, pero otros, la mayoría de los insectos y arácnidos*, eliminan el nitrógeno como ácido úrico y guanina* para evitar la pérdida de agua. *Los isópodos por otra parte eliminan en N en forma de gas.*

Hay *adaptaciones conductuales* para evitar la pérdida de agua, como los *hábitos nocturnos* o las *madrigueras profundas*. Algunos mamíferos *carecen de glándulas sudoríparas* para evitar la pérdida de agua.

Hemos hablado solo de los organismos terrestres, pero también los acuáticos enfrentan problemas relacionados con el agua. En el caso de los organismos marinos viven en *ambientes fisiológicamente secos*, ya que la elevada salinidad del agua de mar ejerce una presión osmótica fuerte que tiende a sacarles el agua, tal como hace el aire seco. Los tiburones y rayas sobrellevan este *problema elevando las concentraciones de urea en sangre*, lo que compensa osmóticamente la diferencia con el agua de mar. Como la urea desestabiliza las proteínas también acumulan oxido de trimetilamino como protección. El papel eminentemente osmorregulatorio de la urea en sangre de los condrictios lo demuestra el hecho de que en los pocos tiburones de agua dulce que existen no aparece.

El resto de los organismos generalmente tienen *mecanismos fuertes de excreción de sal* que les permite beber agua de mar y/o concentran la orina fuertemente. Los organismos de agua dulce *excretan grandes cantidades* para enfrentar la entrada excesiva de agua que es su problema.

Algunas **adaptaciones relacionadas con la vida acuática** como tal:

- El *cuerpo fusiforme* para reducir la fricción de agua. La resistencia del agua al desplazamiento es mucho mayor que en aire. El record de velocidad en el aire es del Halcón común que vuela a 290 Km. /h (en tierra el guepardo a 110 Km. /h) pero en el mar el record es de los escómbridos que nadan a 48 Km. /h (aunque los peces voladores durante su fase de salida o despegue, alcanza fuera del agua los 56 km/h, pero su aceleración es en el aire).

- *Mecanismos de flotación*: gotas de lípidos en unicelulares y reservas de aceites en peces. En organismos planctónicos inclusive se llega a la sustitución de iones más pesados del organismo por otros más ligeros para aumentar la flotabilidad. Una adaptación a la flotación son las formas aplanadas que disminuyen el volumen del cuerpo, con lo que aumenta la superficie de fricción (opuesto a la movilidad). Toda desviación de la forma esférica aumenta la superficie relativa.

- *Aligeramiento* de las estructuras óseas, y del cuerpo en general. En muchos organismos ni siquiera existen estructuras de sostén. Vean que en el mar aparecen los organismos mayores: las algas *Nereocystis* llegan a más de 35 m y no tienen tejidos de sostén.

- *Estructuras de flotación*: vejiga natatoria, largos apéndices, vesículas de gas (ej. *Sargassum*).

En el medio marino también aparece otro factor al que deben adaptarse los organismos, que es la *presión hidrostática*. Esta aumenta drásticamente con la profundidad: si la densidad del aire, que es solo de 0.0013 g/cm^3, genera a nivel de superficie terrestre una presión de 760 mm de Hg. (valor denominado 1 atm), el agua de mar, cuya densidad es de 1.028 g/cm^3, produce a una profundidad de 10 500 metros una presión de 798 000 mm Hg (1050 atm), equivalente a una tonelada por cm^2. De modo que cada especie está restringida a la franja donde es capaz de soportar la fuerza de presión. Los organismos abisales se han adaptado de diferentes maneras a la presión hidrostática, la principal de ellas es la *compensación con presiones internas similares* a la del entorno. También han *evitado la creación de espacios internos llenos de gases* que puedan variar su volumen con los cambios de presión. Sin embargo existen muchos otros mecanismos adaptativos fisiológicos y morfológicos, conocidos y otros desconocidos que permiten a los organismos marinos soportar las presiones. Los propios cetáceos, a pesar de que viven en la superficie por su dependencia del aire atmosférico, son capaces de realizar inmersiones comprobadas de más de un km.

En organismos de agua dulce, las adaptaciones a la vida acuática son semejantes a las de los marinos, sin embargo también existen otras propias de ellos como son las adaptaciones al secado temporal de los cuerpos de agua (el océano nunca se seca). Estas adaptaciones incluyen desde mecanismos de dispersión terrestres, desarrollo de fases latentes enterradas (huevos o adultos) que resisten los periodos de seca, adecuación de los ciclos de vida a la periodicidad estacional de las sequías, etc. En muchos invertebrados aparece como adaptación a esta situación las fases partenogenéticas, como ocurre por ejemplo, en las *Daphnias* que ante la presencia de agua abundante (lluvias) se reproducen muy rápidamente por partenogénesis para restablecer el tamaño poblacional de forma rápida, y solo luego de un tiempo, cuando ya se acerca nuevamente el periodo seco, es que aparecen los machos en la población para realizar entonces la reproducción sexual que produce huevos resistentes al secado de la charca.

2.2.4. El suelo (sustrato especial). Salinidad.

Otro grupo de factores abióticos: el suelo, la salinidad, el espacio como una forma especial de recurso consumible y los otros organismos como recursos alimenticios. En relación a estos vamos a conocer de múltiples adaptaciones que los seres vivos han desarrollado durante su evolución orgánica en respuesta a las presiones ejercidas por estos, incluyendo los demás organismos que coexisten a su alrededor y que pueden servirle de alimento o substrato, o ser sus enemigos naturales.

Comenzaremos por el primer factor abiótico, que es el suelo:

El **suelo** es uno de los elementos más importantes para los seres vivos al ser uno de los substratos más importantes y extensos. Las plantas, que tienen un contacto directo y estrecho con este factor con el que mantienen un intercambio constante. *Del suelo las plantas extraen el agua y los nutrientes esenciales, fundamentalmente minerales, que requieren para la síntesis de otros compuestos orgánicos*, por medio de la fotosíntesis. Es por ello que la estructura y composición del suelo es un factor de suma importancia ecológica.

Históricamente se ha visto un proceso gradual en el concepto de suelo como un medio inerte que contiene nutrientes químicos, hasta la comprensión de que es un sistema ecológico complejo y dinámico que involucra un reciclaje de nutrientes para las plantas y otros procesos biológicos.

El suelo también es un importante ecosistema, con características altamente complejas, ya que depende de un complicado sistema trifásico poli disperso que incluye partículas sólidas de variado tamaño: desde grandes a coloidales que forman agregaciones de variadas complejidades. Los intersticios se llenan de agua y/o aire en diferentes proporciones, lo cual influye altamente en las características de la fauna edáfica al determinar un microclima muy particular.

En el suelo viven tres grupos fundamentales de organismos: unos que son fisiológicamente acuáticos (protozoos, poríferos), microartrópodos (respiran aire) habitantes de los pequeños espacios de aire intersticiales y animales mayores que están en contacto con las tres fases. Las comunidades edáficas suelen tener grandes densidades: 1 m^2 de suelo de bosque templado puede contener más de 1000 especies, con poblaciones de 10 millones de nemátodos, 100 000 colémbolos y ácaros, alrededor de 50 000 de otros invertebrados.

Los **parámetros edáficos** más importantes y que más influyen, tanto sobre las plantas como sobre la fauna edáfica, son: *la granulosidad, el pH, la salinidad, la temperatura y la cantidad de nutrientes esenciales.*

Se entiende por **granulosidad** del suelo al *tamaño promedio de las micro partículas que lo conforman. El suelo está compuesto de partículas sólidas provenientes de la erosión de la roca madre y de componentes orgánicos acumulados por la trituración / descomposición de restos de animales y plantas*, o sustancias liberadas por estos. El suelo se forma por un proceso denominado: *Pedogénesis.*

El tamaño de los granos del suelo y su forma, determinan la capacidad de este de retener el agua, es decir su capacidad de campo. Si el agua no es retenida percola entre los granos y "lava" los nutrientes y minerales hacia capas más profundas haciéndolos inaccesibles para el ecosistema. Este fenómeno se denomina **lixiviación**. De la percolación que sufra el suelo depende su contenido de nutrientes. En los suelos arenosos el agua se infiltra más rápidamente, mientras que en suelos arcillosos se retiene con mayor fuerza. Existe un tamaño mínimo de partículas a partir del cual el suelo se torna impermeable y se anega permanentemente. El tamaño de los granos también determinan la *aireación* que pueda tener y por ende la composición de sus comunidades edáficas: las capas anaerobias inferiores mantienen solamente poblaciones de bacterias y microorganismos anaerobios muy importantes en las transformaciones químicas de los nitritos, nitratos, sulfatos y otros compuestos inorgánicos. La micro topografía del suelo, es decir el tamaño de las partículas y su grado de compresión, denominada en su conjunto como la *dureza* del suelo es esencial para la germinación de las semillas. Hay semillas adaptadas a suelos duros y otras a suelos laxos. Para los animales también es importante, sobre todo para los organismos acuáticos bentónicos y demersales. Muchos invertebrados de los ríos pueden vivir solo en substratos pedregosos ya que su protección la adquieren entre las grietas del fondo. Las larvas excavadoras de las efímeras (como *Ephemera simulans*) necesitan de un substrato de partículas muy finas para poder cavar. Inversamente otros sésiles requieren fondos duros para poder fijarse. La arena es un tipo particular de suelo cuyas características son muy importantes para los organismos intersticiales y para los *ammofagos* (que "comen" arena) como las holoturias. También su dureza y compactación depende el grado de aireación del suelo, determinante de la composición de su fauna edáfica. En esto influyen los túneles cavados por las lombrices de tierra y otros excavadores que actúan hasta 1 m de profundidad. Usualmente el sistema de cavidades del suelo representa entre el 40-60% del volumen total, ocupado por aire y agua.

El **pH** (potencial hidrogeniónico) del suelo viene dado por la cantidad de H^+ (protones) que presenta, su acidez. Las altas concentraciones de protones *limita directamente el desarrollo de muchos organismos al actuar sobre sus estructuras celulares*. En el caso de las plantas los bajos pH *interfieren en los procesos de transporte radical y transportes activos* entre las células vegetales y su medio, además de que *altera las solubilidades de los principales iones* del suelo, influyendo así sobre sus *disponibilidades*; a pH menores de 4.0-4.5 los suelos minerales tienen una concentración de Al^{3+} tan elevada que resulta tóxica al igual que las concentraciones de Mn^{2+} y Fe^{2+}. En el otro extremo, en suelos alcalinos, el Fe, Mn, PO_4^{3-} y ciertos traza se hallan fijados en compuestos insolubles por lo que las plantas quedan mal nutridas.

El protoplasma de las células radiculares de la mayoría de las plantas queda lesionado tanto por las altas concentraciones de H^+ como por su ausencia (basicidad) (pH por debajo de 3 o por encima de 9). En los organismos edáficos y acuáticos la *acidez puede actuar de dos formas generales*:

1- Directamente: - trastornando la regulación osmótica

      - afectando la actividad enzimática

      - afectando el intercambio gaseoso.

2- Indirectamente: -aumentando la concentración de metales tóxicos (como el Al) a través del intercambio catiónico con el sedimento o el suelo.

      - disminuyendo la variedad   / calidad de las fuentes de alimentos.

Un ejemplo característico que podemos encontrar de como el suelo determina la composición de la vegetación lo tenemos en los suelos serpentiníticos, y lo ponemos como ejemplo porque en Cuba tenemos una buena representación de ellos con un endemismo altísimo.

La serpentina es un tipo de roca metamórfica ultra básica formada principalmente por silicatos de hierro y magnesio, con presencia en algunos casos de níquel, cromo, pequeñas cantidades de molibdeno y muy poco nitrógeno y fósforo. Esta composición química es normalmente letal para las plantas, máxime cuando va unida a un drenaje excesivo y muy poca capacidad de retención de agua. Estos suelos extremos ejercen una presión de selección muy fuerte lo que hace que la flora que evolutivamente se ha adaptado a estos suelos tengan características muy particulares y un endemismo extraordinario (del orden del 90%) El tipo de formación vegetal que crece en estos suelos se denomina en Cuba Cuabales y Charrascales y están dispersos por todo en país en forma de afloramientos aislados. Esta vegetación se caracteriza por su xeromorfismo o aridez y sus resistencias fisiológicas extremas a elementos tóxicos.

Además de estos suelos extremos existe toda una gama de suelos, que son objeto de estudio de la edafología, y ante los cuales las plantas han desarrollado sus adaptaciones particulares. Así tenemos las plantas

calcícolas o calcífitas, que como la Palma Real (*Roystonea regia*) se han adaptado y ya *dependen de suelos con altas concentraciones de calcio*; y las plantas **calcífugas o calcífobas** como el Pino Macho (*Pinus caribaeus)* que está adaptado a lo contrario. En cuanto a la salinidad del suelo existen las plantas **halófitas**, *tolerantes de elevadas salinidades*, como los mangles o las fanerógamas marinas (*Talassia, Syringodium,* etc). Las plantas halófitas tienen entre sus adaptaciones fundamentales *la suculencia de hojas y tallos* (el Cl⁻ tiene la propiedad de aumentar la capacidad de hidratación de los tejidos), los *mecanismos de excreción de sal* (glándulas foliares en *Conocarpus*, en las raíces en otras especies), *la viviparidad* (germinación de las semillas antes de que caigan al suelo), etc. Para la fauna edáfica se sabe que el suelo tiene gran importancia, pero también se conocen de sutiles e importantes interacciones con la macrofauna, por ejemplo, se ha observado que los mamíferos herbívoros de suelos cársicos tienen los huesos más pesados que los que viven en suelos pobres de calcio, a través del efecto intermedio de la vegetación.

Un ejemplo interesante de comunidad halófita es la de los mangles. En Cuba existen tres especies fundamentales: *Rhizophora mangle, Avicennia germinans* y *Laguncularia racemosa,* que son el mangle rojo, el prieto y el patabán respectivamente. Estas especies se distribuyen a lo largo de las costas fangosas o cenagosas en un orden específico debido a sus diferencias tolerancias a la salinidad y a la humectación del suelo

Además están los suelos pobres en nitrógeno donde las adaptaciones más drásticas e interesantes entre los vegetales están en las plantas carnívoras.

En Cuba aparecen solo en las sabanas arenosas al oeste de Río Cuyaguateje, Pinar del Río, y en Los Indios, la Isla de la Juventud. Como todos los ambientes drásticos tienen un elevado endemismo. Estos suelos además de pobres en nitrógeno son demasiado ácidos para que puedan vivir las bacterias fijadoras del nitrógeno atmosférico. En Cuba tenemos cuatro géneros de plantas carnívoras: *Drosera, Pinguicula, Genlisea* y *Utricularia.* Sus adaptaciones para la captura de sus alimentos son muy interesantes. **Darwin** en 1860 escribió: "...estoy más interesado por *Drosera* que por el origen de todas las especies del mundo..." (*Drosera* es la que utiliza tentáculos pegajosos para capturar pequeños insectos).

La temperatura del suelo es superficialmente variable en dependencia de la luz que incide, la cantidad de calor que se absorbe o dispersa, la cantidad de vegetación, la cubierta de humus, el color del suelo, el contenido de agua y otros factores físicos. En el suelo las variaciones diarias dejan de notarse a los 30 cm de profundidad, y las anuales, a muchos metros (15), lo que es importante para el estudio de este ecosistema y sus poblaciones.

Existen leyes o condiciones que siempre se cumplen en el suelo, en relación con la temperatura:

1.- Los valores extremos de la temperatura (máx. y min.) Se producen a diferentes temperaturas con cierto retardo en comparación con la superficie, debido a la baja conductividad térmica.

2.- El periodo de retraso es directamente proporcional a la profundidad.

3.- El periodo de oscilación no cambia con la profundidad (intervalo entre máxima y mínima).

4.- La amplitud de la oscilación disminuye con la profundidad hasta hacerse constante.

Terminando con el suelo pasemos a ver la **salinidad**. Ya habíamos visto algunos adelantos del efecto de la salinidad en el suelo, sin embargo donde la acción de este factor es más importante es por supuesto en el mar. Los organismos acuáticos se enfrentan a graves problemas relacionados con el equilibrio osmótico, por ello las adaptaciones para regular el contenido de agua están muy relacionadas con la regulación de sus sales, así que no vamos a repetirlas. Solo queremos señalar que los organismos costeros y muy particularmente los estuarinos, que se someten más frecuentemente al influjo de agua dulce que altera la concentración de sales, son generalmente eurihalinos, mientras que los oceánicos generalmente son estenohalinos.

En relación a la salinidad también hay situaciones extremas, como la que ocurre en las salinas naturales y en las charcas intermareales y litorales donde la evaporación del agua concentra las sales a puntos extremos. En estos lugares también hay vida: pequeños crustáceos como la *Artemia salina* y copépodos, soportan ambientes hipersalinos hasta el mismo punto de precipitación (que es del 30 % o sea 300 g/l). Ellos enfrentan esto sintetizando y acumulando pequeños aminoácidos que contrarrestan osmóticamente al medio.

2.3. Climatología y Atmósfera

2.3.1 Tres geoesferas básicas: litosfera, hidrosfera y atmósfera.

La composición de nuestro planeta está integrada por tres elementos físicos: uno sólido, la litosfera, otro líquido, la hidrosfera, y otro gaseoso, la atmósfera. Precisamente la combinación de estos tres elementos es la que hace posible la existencia de vida sobre la Tierra.

La Litosfera

La litosfera es la capa externa de la Tierra y está formada por materiales sólidos, engloba la corteza continental, de entre 20 y 70 Km. de espesor, y la corteza oceánica o parte superficial del manto consolidado, de unos 10 Km. de espesor. Se presenta dividida en placas tectónicas que se desplazan lentamente sobre la astenosfera, capa de material fluido que se encuentra sobre el manto superior.

Las tierras emergidas son las que se hallan situadas sobre el nivel del mar y ocupan el 29% de la superficie del planeta. Su distribución es muy irregular, concentrándose principalmente en el Hemisferio Norte o continental, dominando los océanos en el Hemisferio Sur o marítimo.

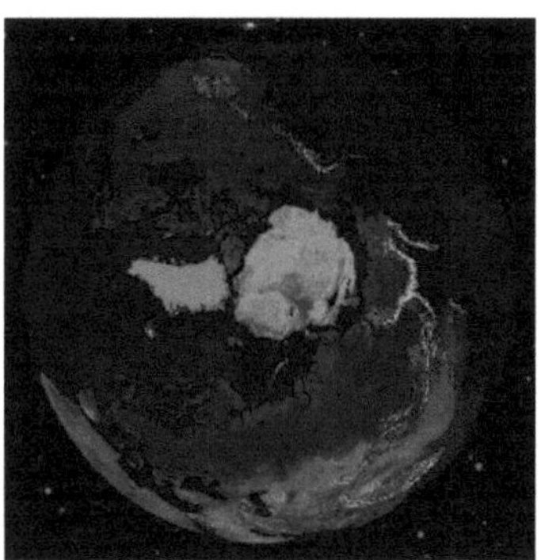 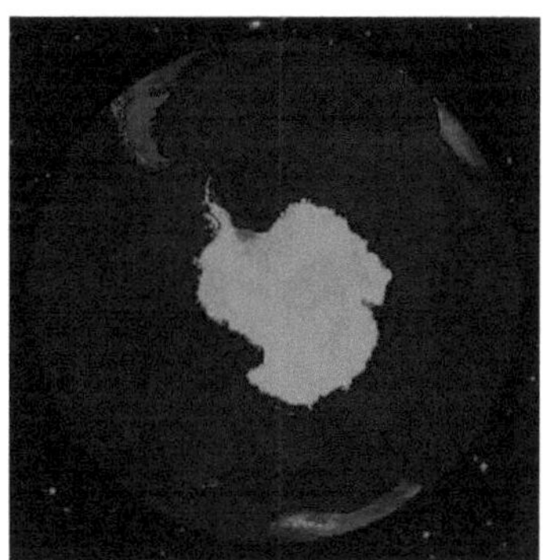

Las tierras emergidas se hallan repartidas en seis continentes:

<u>Asia</u>*: Es el continente de más superficie, se extiende de Este a Oeste en el Hemisferio Norte, aunque su parte meridional se interna en la zona tropical.*

Europa: En realidad es una gran península situada al Oeste del continente asiático o euroasiático. La separación entre Asia y Europa se ha fijado de forma convencional en los montes Urales, el río Ural y la cordillera del Cáucaso.

África: Situado al Suroeste de Asia y Sur de Europa, predominantemente en la zona intertropical, pero es mucho más ancho en el Hemisferio Norte que en el Hemisferio Sur.

América: Este continente se organiza en sentido de los meridianos y se distribuye tanto en el Hemisferio Norte como en el Hemisferio Sur. Debido a esta distinta situación de sus partes y a sus formas diferenciadas, suele hablarse de dos subcontinentes o incluso de dos continentes, América del Norte y América del Sur.

La Antártida: Es el único continente cubierto permanentemente por una gran masa de hielo, ya que se sitúa en su totalidad en el Polo Sur.

Oceanía: No es un conjunto continuo de tierras emergidas como el resto de los continentes, está formado por un número muy elevado de islas de tamaños y formas muy distintas, situadas al Sureste de Asia y en el océano Pacífico.

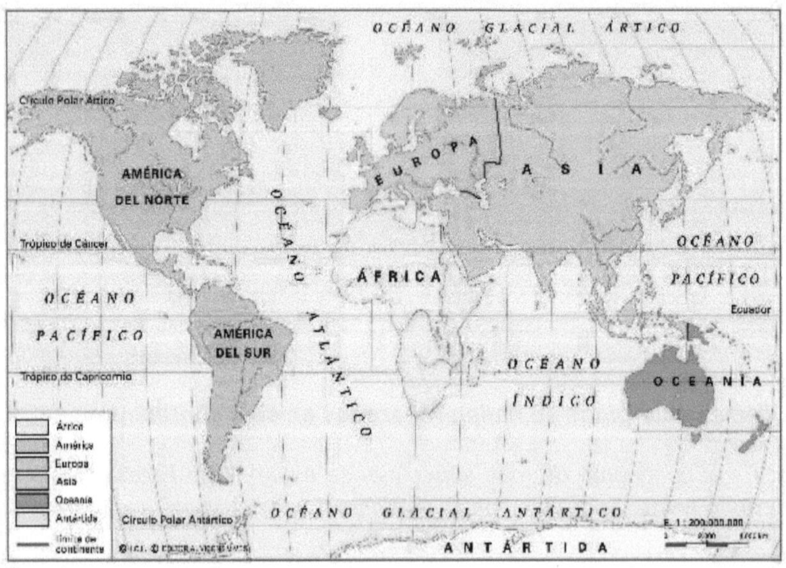

La Hidrosfera

La hidrosfera engloba la totalidad de las aguas del planeta, incluidos los *océanos, mares, lagos, ríos y las aguas subterráneas.*

Este elemento juega un papel fundamental al posibilitar la existencia de vida sobre la Tierra, pero su cada vez mayor nivel de alteración puede convertir el agua de un medio necesario para la vida en un mecanismo de destrucción de la vida animal y vegetal.

A) El agua salada: océanos y mares

El agua salada ocupa el 71% de la superficie de la Tierra y se distribuye en los siguientes océanos:

El océano Pacífico, el de mayor extensión, representa la tercera parte de la superficie de todo el planeta. Se   sitúa entre el continente americano y Asia y Oceanía.

El océano Atlántico ocupa el segundo lugar en extensión. Se sitúa entre América y los continentes europeo y africano.

El océano Índico es el de menor extensión. Queda delimitado por Asia al Norte, África al Oeste y Oceanía al Este.

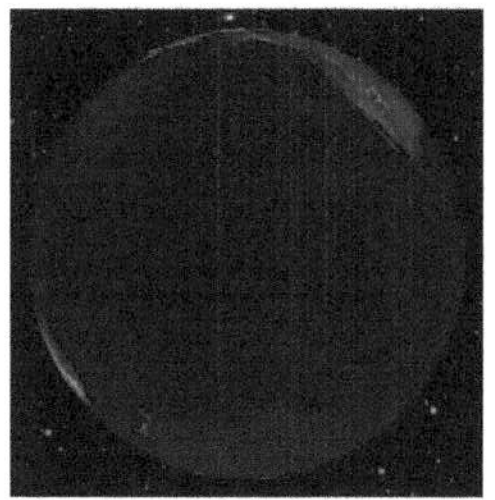 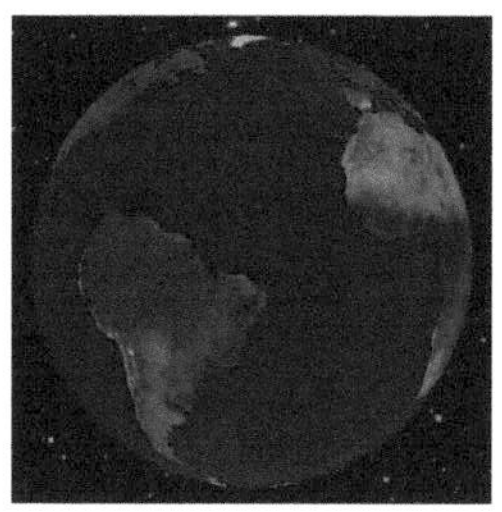 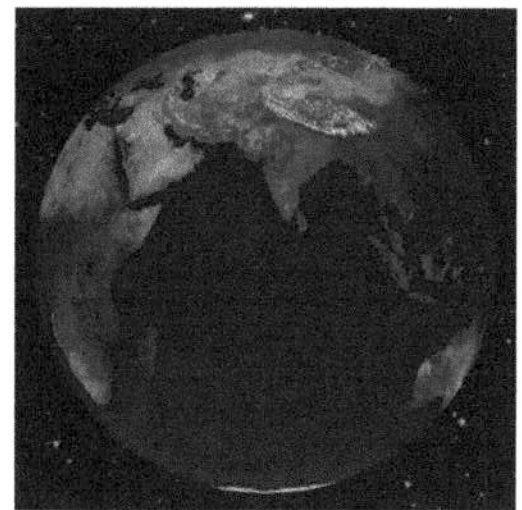

El océano Glacial Ártico se halla situado alrededor del Polo Norte y está cubierto por un inmenso casquete de hielo permanente.

El océano Glacial Antártico rodea la Antártida y se sitúa al Sur de los océanos Pacífico, Atlántico e Índico.

Los márgenes de los océanos cercanos a las costas, más o menos aislados por la existencia de islas o por penetrar hacia el interior de los continentes, suele recibir el nombre de mares.

B) El agua dulce

El agua dulce, que representa solamente el 3% del agua total del planeta, se localiza en los continentes y en los Polos. En forma líquida en ríos, lagos y acuíferos subterráneos y en forma de nieve y hielo en los glaciares de las cimas más altas de la Tierra y en las enormes masas de hielo acumuladas entorno al Polo Norte y sobre la Antártida.

La Atmósfera

La Tierra está rodeada por una envoltura gaseosa llamada atmósfera, que es imprescindible para la existencia de vida, pero su contaminación por la actividad humana puede provocar cambios que repercutan en ella de forma definitiva.

La atmósfera tiene un grosor aproximado de 2.000 km. y se divide en capas de grosor y características distintas:

La troposfera es la capa inferior que se halla en contacto con la superficie de la Tierra y alcanza un grosor de unos 10 km. Hace posible la existencia de plantas y animales, ya que en su composición se encuentran la mayor parte de los gases que estos seres necesitan para vivir. Además, aquí ocurren todos los fenómenos meteorológicos y actúa de regulador de la temperatura del planeta, ya que el denominado efecto invernadero hace que la temperatura no llegue a valores extremos ni aumente o disminuya bruscamente, al ser absorbido el calor por las partículas de vapor de agua de las nubes.

La estratosfera es la capa intermedia, situada entre los 10 y los 80 km. En la estratosfera la temperatura aumenta y el aire se enrarece hasta tal punto que los seres vivos no podrían sobrevivir en ella. Sin embargo es fundamental por tener la función de filtro de las radiaciones solares ultravioleta, gracias a la existencia en ella de la denominada capa de ozono.

La <u>ionosfera</u> es la capa superior y la de mayores dimensiones, en ella el aire se enrarece cada vez más y la temperatura aumenta considerablemente. Es fundamental porque provoca la desintegración de los meteoritos que llegan a ella desde el espacio.

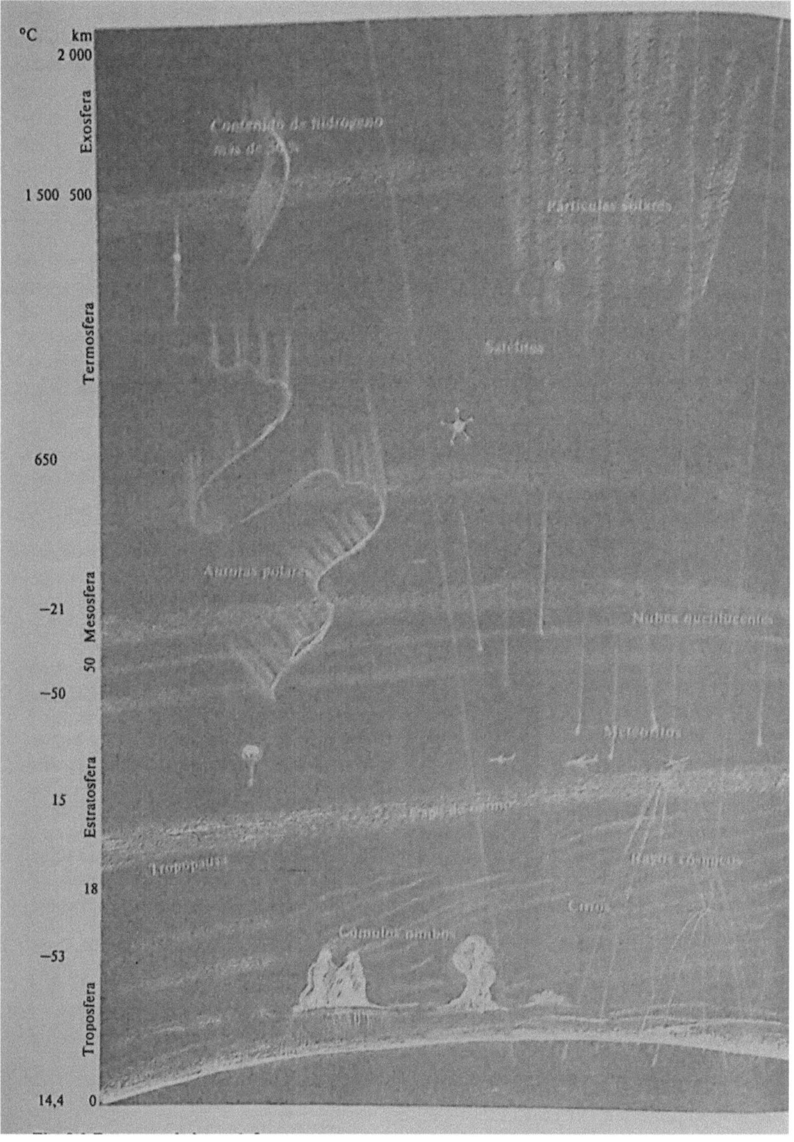

2.3.2. Tiempo y clima. Conceptos. Elementos del clima (temperatura, precipitación, humedad relativa, radiación solar y evaporación). Influencia de cada elemento sobre los organismos vivos.

Con frecuencia se confunde el tiempo atmosférico y el clima de un lugar. El tiempo atmosférico a una hora determinada, por ejemplo a las doce del mediodía, viene determinado por la temperatura, presión atmosférica, dirección y fuerza del viento, cantidad de nubes, humedad etc., registrados en el instante que se considera. Se comprende que el tiempo atmosférico cambia rápidamente por variar la temperatura, la presión atmosférica etc. No hace la misma temperatura a las 12 del mediodía que a las 6 de la mañana.

Por otro lado también puede decirse que Madrid, París y Caracas tienen el mismo tiempo en un momento dado, por ejemplo, un día con lluvia en las tres capitales da lugar a un mismo *tiempo lluvioso*. Sin embargo, es evidente que estas tres ciudades no tienen el mismo clima, ni siquiera parecido. Prueba de ello es la diferente vegetación que rodea a cada una de ellas: exuberantemente tropical en Caracas, abundante en bosques y praderas en París y más bien esteparia y reseca en Madrid.

Así pues, el tiempo traduce algo que es instantáneo, cambiante y en cierto modo irrepetible; el clima, en cambio, aunque se refiere a los mismos fenómenos, los traduce a una dimensión más permanente duradera y estable. De esta manera podemos definir el ***tiempo*** como "el estado de la atmósfera en un lugar y un momento determinados"; y el ***clima***, "como la sucesión periódica de tipos de tiempo".

Por tanto la mejor forma de abordar el análisis del clima sería a través del estudio de los *tipos de tiempo,* estableciendo sus características, sucesión y articulación habitual a través de las estaciones. En efecto los seres vivos no perciben aisladamente los distintos meteoros. Según sople el viento o esté en calma, llueva o no, el sol brille o esté nublado, una misma temperatura ambiente será percibida de forma diferente por los organismos y producirá una vegetación también distinta. Sin embargo para poder tener una visión completa de los climas a nivel del globo, no queda otra solución que analizar separadamente los elementos del tiempo. Estableciéndose así los distintos climas a partir de los valores medios de la temperatura, presión atmosférica, dirección y fuerza del viento, cantidad de nubes, humedad, cantidad de lluvia etc., registrados durante un período de tiempo muy largo, generalmente de treinta años. La utilidad del concepto de clima se debe a que, por ejemplo, la temperatura media de un lugar durante un período de treinta años es prácticamente la misma que durante otros treinta años distintos. Esto nos permite decidir si el clima de un lugar es frío o cálido. El registro continuo de los datos meteorológicos permite igualmente apreciar las posibles variaciones o cambios que se pudieran producir a la norma establecida para un determinado lugar.

La atmósfera, escenario de los fenómenos meteorológicos

Los distintos fenómenos meteorológicos que componen el "tiempo" tienen como escenario *la atmósfera*, masa gaseosa que constituye la capa externa y envolvente de la Tierra. Con un espesor que se aproxima a los dos mil kilómetros, hace posible la vida en nuestro planeta. Y ello por dos de sus características: por los gases que la forman (especialmente el oxígeno), y por actuar a modo de termostato, al regular el calor de y sobre la superficie terrestre.

La atmósfera no es uniforme, pero su estructura permite considerar capas o estratos en la misma. Estas capas pueden establecerse o diferenciarse en relación a diversas características, una de ellas el estado o comportamiento térmico. Según este criterio, se observa que, comenzando a nivel de superficie, la temperatura desciende a razón constante de 6,4° C. por kilómetro en promedio, y ello hasta una altura que varía de 8 a 10 kilómetros sobre los Polos y de 15 a 18° C. sobre el Ecuador. La capa que presenta esa variación térmica constante se denomina *Troposfera*.

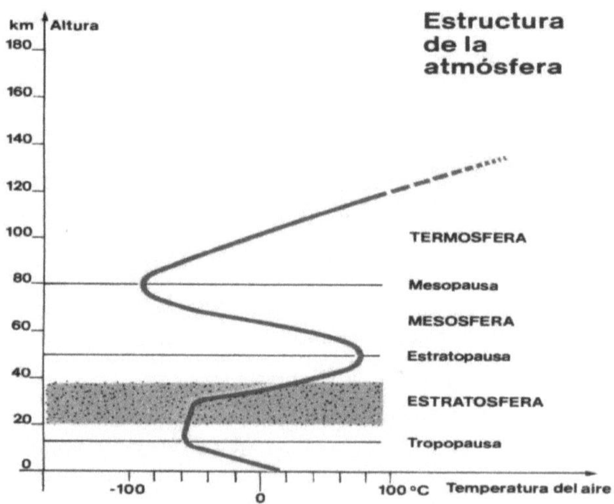

A partir de la troposfera aparece una capa en la que la temperatura aumenta, primero lentamente hasta una altura de treinta kilómetros, luego rápidamente hasta los 50 kilómetros. Esta capa se denomina *estratosfera*, muy rica en ozono. Más allá se extienden *la mesosfera, termosfera* y por último la *exosfera,* formada por moléculas sueltas cuya concentración va disminuyendo progresivamente hasta los dos mil kilómetros de altitud, límite en el que suele fijar la barrera entre la atmósfera y el espacio interestelar. La atmósfera actúa como un filtro que impide que lleguen todos los rayos del sol a la Tierra. Algunos de los rayos más perjudiciales, como los rayos X y los ultravioleta son totalmente absorbidos en las capas altas de la atmósfera. Los rayos ultravioleta son totalmente absorbidos en la *capa de ozono*, situada entre los 25 y los 40 Km. de altura. En la capa inferior de la atmósfera, llamada *troposfera* (bajo el nivel de la Tropopausa), tienen lugar los fenómenos atmosféricos. Es la más importante para la vida. En ella se encuentra el aire, que está compuesto de oxígeno (21%), nitrógeno (78%) y otros gases. Entre la atmósfera y la superficie terrestre se produce un intercambio permanente de calor a través de los movimientos constantes del aire, la evaporación y la condensación del vapor de agua.

Cualquier alteración en la atmósfera provocaría grandes trastornos en las formas de vida de la superficie terrestre. Pequeñas variaciones de la temperatura media del planeta pueden producir cambios en el clima de todo el mundo. Se ampliarían zonas de sequía y aumentaría la erosión de los suelos. La falta de agua y el aumento de los incendios provocarían la desaparición de bosques...

El tiempo meteorológico

Analiza la atmósfera, sus cambios y variaciones para un momento y lugar preciso, registra las evoluciones que se van produciendo en ella y prevé qué condiciones se van a dar en la superficie terrestre en cuanto a temperaturas máximas y mínimas, precipitaciones, dónde se producirán, las características de éstas: chubascos, lloviznas, aguaceros, agua o nieve et...

Diariamente hablamos del tiempo, hacemos referencia a bueno o malo, frío o calor, soleado o nuboso, seco o lluvioso... son conceptos con los cuales describimos situaciones reales y sensaciones corporales. Diariamente también visualizamos y escuchamos informes del tiempo y se nos habla de borrascas, frentes, ciclones, anticiclones...

Con estos términos se definen las situaciones concretas de la atmósfera para un lugar y un tiempo determinado.

El tiempo cambia

Los cambios bruscos del tiempo se deben a desplazamientos sobre la superficie de la Tierra de masas de aire, que tienen características muy diferentes en cuanto a temperaturas, humedad o presión se refiere; estas masas de aire cubren extensas zonas del planeta. Según estos criterios podríamos diferenciar:

1.- *Masas de aire polares:*

Reciben menos energía solar y cubren no sólo las regiones polares, sino también buena parte de la zona que se considera templada.

De igual forma, se distingue entre aire polar marítimo y aire polar continental, siendo el segundo más seco y por tanto más frío que el primero.

2.- *Masas de aire cálidas:*

Pueden ser tropicales marítimas y tropicales continentales. Las primeras tienen un carácter cálido y un grado muy alto de humedad, ya que se extienden a lo largo, de los grandes océanos sometidos por la radiación solar a una evaporación intensa. Las segundas, que se extienden por los continentes en esas latitudes, se las considera continentales y, aunque de carácter cálido, no presentan un alto grado de humedad. Tienden a ser más bien secas.

Los contactos entre las diferentes masas de aire de desigual temperatura y grado de humedad son bruscos, originando tormentas y precipitaciones de diversa consideración; a este fenómeno meteorológico se le denomina *frentes.*

La imagen nos muestra un mapa de Isobaras, líneas que unen puntos de igual presión, correspondiente al día 7 de Abril de 2.000. En él se han dibujado las zonas correspondientes a las Altas y Bajas presiones, así como las líneas que indican los frentes, en azul los frentes fríos, en rojo los frentes cálidos y en morado los ocluidos.

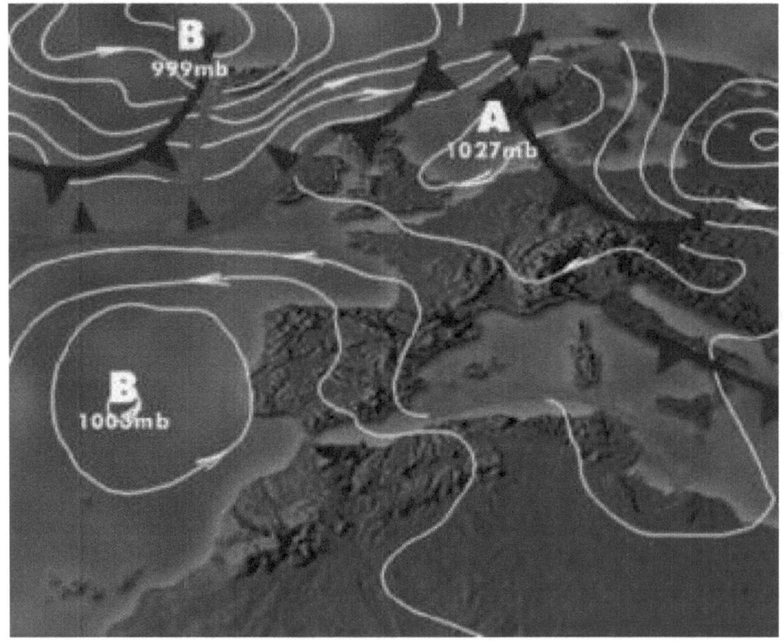

El clima

Los climas se establecen recogiendo las observaciones realizadas día a día en las diversas estaciones meteorológicas durante una serie de años, que al menos deben ser treinta, para obtener una fiabilidad mínima. El compendio de todos los datos permite establecer las distintas zonas climáticas en el planeta. La *climatología* es la ciencia que se encarga de estudiar las variedades climáticas que se producen en la Tierra y sus diferentes características en cuanto a: temperaturas, precipitaciones, presión atmosférica y humedad.

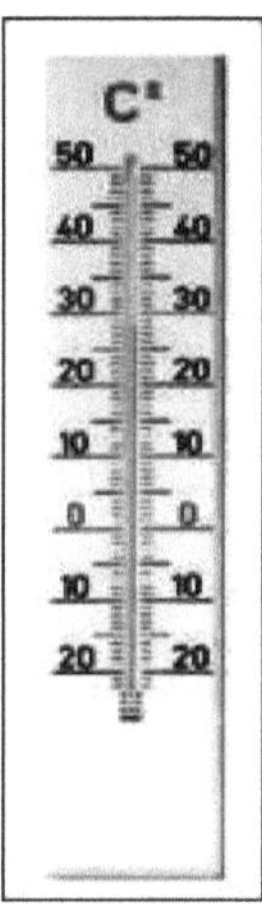

Elementos del clima

Temperaturas

Se establecen mediante promedios. Hablamos de *temperaturas medias* (diarias, mensuales, anuales...) y de *oscilación o amplitud térmica*, que es la diferencia entre el mes más frío y el mes más cálido de un lugar.

Precipitaciones

Se establecen mediante los totales recogidos en los pluviómetros, las cantidades se suman y determinan el régimen pluviométrico del lugar o zona, estimándose como lugar seco o húmedo o estación húmeda o de humedad constante.

Presión atmosférica

En las masas de aire, los distintos niveles de temperatura y humedad determinarán los vientos, su dirección y fuerza. La presión del aire se mide con el barómetro, que determina el peso de las masas de aire por cm^2, se mide en milibares y se considera un nivel de presión normal el equivalente a 1.013 mbs.

Humedad

La humedad de las masas de aire se mide con el higrómetro, que establece el contenido en vapor de agua. Si marca el 100%, el aire ha llegado al máximo nivel de saturación; más del 50% se considera el aire húmedo y menos del 50% se considera aire seco.

Factores del clima

En la distribución de las zonas climáticas de la Tierra intervienen lo que se ha denominado factores climáticos, tales como la latitud, altitud y localización de un lugar y dependiendo de ellos variarán los elementos del clima.

Latitud

Según la latitud se determinan las grandes franjas climáticas, en ello interviene la forma de la Tierra, ya que su mayor extensión en el Ecuador permite un mayor calentamiento de las masas de aire en estas zonas permanentemente; disminuyendo progresivamente desde los Trópicos hacia los Polos, que quedan sometidos a las variaciones estacionales según la posición de la Tierra en su movimiento de traslación alrededor del Sol.

Altitud

La altitud respecto al nivel del mar influye en el mayor o menor calentamiento de las masas de aire. Es más cálido el que está más próximo a la superficie terrestre, disminuyendo su temperatura progresivamente a medida que nos elevamos, unos 6,4° C cada 1.000 metros de altitud.

La localización

La situación de un lugar, en las costas o en el interior de los continentes, será un factor a tener en cuenta a la hora de establecer el clima de esa zona, sabiendo que las aguas se calientan y enfrían más lentamente que la tierra, los mares y océanos suavizan las temperaturas extremas tanto en invierno como en verano, el mar es un regulador térmico.

Esos elementos y factores habrá que combinarlos adecuadamente en el establecimiento de los climas de los distintos lugares de la Tierra, e incluso habrá que matizarlos con factores particulares si hablamos de microclimas. Los climas de la Tierra se reflejan en la distinta vegetación, fauna, asentamientos humanos y actividades económicas de estos según las zonas y la tipología.

2.3.2 Clasificación del clima

*El clima es el estado más frecuente de la atmósfera en un lugar determinado de la superficie terrestre. La definición de un clima se establece a partir de análisis y síntesis de datos obtenidos por observaciones meteorológicas durante varios años. Los Climas son un conjunto de condiciones atmosféricas que hacen que un lugar de la superficie terrestre sea más o menos habitable para el hombre, los animales y las plantas. Ya que el papel de los diversos climas, es esencial para la vida y la formación de los suelos. Los griegos, dividieron a la Tierra en tres grandes zonas climáticas, basándose en la distribución de las temperaturas: tropical, templada y polar. Hoy existen dos tendencias en la clasificación: clasificaciones **genéticas**, basadas en los factores que generan la diversidad climática (circulación de la atmósfera, masas de aire, tipos de tiempo), y las llamadas **empíricas**, basadas en elementos del clima combinados en índices (grado de aridez y temperaturas).*

Exponemos algunas clasificaciones

Clasificación genética de Flohn.- se fundamenta en los grandes cinturones de viento del planeta y en la precipitación.

Tipos climáticos	Características pluviométricas
1. Zona ecuatorial de vientos del Oeste	Siempre húmeda
2. Zona tropical de vientos alisios en verano	Precipitación en verano
3. Zona subtropical seca de vientos alisios o cinturón de altas presiones tropicales	Condiciones secas todo el año
4. Zona subtropical de lluvias invernales (tipo mediterráneo)	Precipitación en invierno
5. Zona templada de los vientos del Oeste a lo largo de todo el año	Precipitación moderada repartida
6. Zona subpolar, vientos del Este en verano	Precipitación importante a lo largo del año
6a. Zona subpolar continental	Lluvia en verano; nieve temprana en invierno
7. Zona polar de vientos del Este	Precipitación débil todo el año

Clasificación de Budyko, basado en el *índice racional de sequedad (Id)*

Tipos climáticos
Desierto
Semidesierto
Estepa
Bosque
Tundra

Sistema de Thornthwaqite, que se basa en el concepto de evapotranspiración potencial y en el balance de vapor de agua, con criterios de humedad.

Tipo de clima
A   Perhúmedo
B4 Húmedo
B3 Húmedo
B2 Húmedo
C2 Subhúmedo Húmedo
C1 Subhúmedo seco
D   Semiárido
E   Árido

Clasificación de Koopen, es el mejor ejemplo de clasificación empírica, el más conocido y de mayor aplicación. La vegetación natural constituye un *indicador del clima. Los climas son definidos por los valores medios anuales y mensuales de las temperaturas por las precipitaciones. Propone 5 grupos que se los reconoce por letras mayúsculas:*

A: Clima tropical lluvioso. Todos los meses la temperatura media es superior a 18° C. No existe estación invernal y las lluvias son abundantes.
B: Climas secos. La evaporación es superior a la precipitación y no hay excedente hídrico.
C: Climas templados y húmedos. El mes más frío tiene una temperatura media comprendida entre 18° y -3° C, y la media del mes más cálido supera los 10° C.
D: Climas templados de invierno frío. la temperatura media del mes más frío es inferior a -3° C y la del mes más cálido está por encima de 10° C.
E: Climas polares. No tienen estación cálida y el promedio mensual de las temperaturas es siempre inferior a 10° C. Cuando el mes más cálido oscila entre 0 y 10° C de temperatura media, el autor diferencia el grupo ET (clima de tundra) y en el caso de que ningún mes supere los 0° C de media el grupo EF (clima de hielo permanente).

Los anteriores se subdividen en subgrupos, con letras minúsculas que hacen referencia a la distribución estacional de la precipitación:

- *f: lluvioso todo el año, ausencia de período seco.*
- *s: presencia de estación seca en verano.*
- *w: estación seca en invierno.*
- *m: precipitación de tipo monzónico.*

Se combina con una tercera letra para indicar el régimen térmico:

- *a : temperatura media del mes más cálido superior a 22° C*
- *b : temperatura media del mes más cálido inferior a 22° C, pero con temperaturas medias de al menos cuatro meses superiores a 10° C*
- *c : menos de cuatro meses tienen temperatura media superior a 10° C*
- *d : el mes más frío está por debajo de -38° C*
- *h : temperatura média anual superior a 18° C*
- *k : temperatura media anual inferior a 18° C*

Se obtienen los siguientes tipos de clima:

Selva tropical. Sin estación seca.
Sabana tropical. Invierno seco.
Monzónico.
Estepa (semiárido)
Desierto (árido)
Templado húmedo sin estación seca
Templado con invierno seco
Templado con verano seco (Mediterráneo)
Bosque frío sin estación seca
Bosque frío con invierno seco
Tundra.
Glacial

III. ECOSISTEMAS.

3.1. Introducción al estudio de las poblaciones. Concepto de poblaciones.

Hasta ahora hemos estudiado el nivel de organismo que es el nivel básico primario dentro de los estudios ecológicos. Este es un nivel central ya que los restantes niveles de organización, particularmente la estructura y dinámica de las poblaciones, comunidades y ecosistemas expresan las actividades y las interacciones de los organismos, por ello es que son considerados como la unidad fundamental de la Ecología.

Sin embargo, a partir de los organismos existen niveles superiores de complejidad de la naturaleza, y en esos niveles aparecen muchas propiedades y fenómenos que aunque tiene un origen primario en las características individuales de sus componentes, no aparecen en ellos.

El primer nivel de complejidad que tenemos es el poblacional y a él dedicaremos este tema.. Los organismos no viven de forma aislada sino que se organizan para formar las poblaciones.

Se define **población** como *el conjunto de individuos de una misma especie que habita en área dada en un momento determinado.* En el seno de las poblaciones los organismos *interactúan entre si y con el ambiente y potencialmente pueden intercambiar información genética entre sí.*

El *concepto de* **especie** es uno de los más debatidos en la actualidad dentro de toda la Biología porque de este dependen muchas cuestiones teóricas consideradas como pilares básicos. Como se conoce existe todo un sistema jerárquico de clasificación de los organismos, que va desde los reinos, filos, clases, órdenes, familias, etc. y que se ha desarrollado desde los tiempos de Linneo, hasta concepciones evolutivas más o menos naturales y realistas. Sin embargo, la biología contemporánea ha demostrado que *la única de las categorías taxonómicas que existe realmente es la de especie,* el resto son agrupaciones artificiales que no existen en la naturaleza. Uno no ve una familia ni un orden por ahí, sin embargo si puede ver una especie. El concepto de *especie se delimita naturalmente por un trasfondo genético común entre individuos,* además de que las especies se agrupan espacialmente formando las poblaciones. En otras categorías (familias, órdenes) los individuos no se agrupan ni tienen en general una manifestación objetiva. Sin embargo es muy difícil delimitar que es una especie ya que *los criterios morfológicos (organismos semejantes) han demostrado su inutilidad por la existencia de especies gemelas y polimórficas.* El **criterio** que actualmente se maneja para definir una especie es el reproductivo que plantea que *si dos organismos pueden cruzarse entre sí y dejar descendencia fértil es porque pertenecen a la misma especie.* Sin embargo esta definición biológica de especie tiene **limitaciones** ya que en la mayoría de los casos *falta información suficiente para delimitar las especies, hay procesos de evolución incompleta a los que no puede aplicarse, hay formas asexuales, grupos donde la frecuente hibridización borra los límites específicos y por último en los organismos fósiles no hay forma de aplicarla.*

3.1.2. Ventajas de la vida en grupo.

Sabemos que los organismos en la naturaleza se agrupan formando las poblaciones, y aun dentro de ellas muchos tienden a estar más agrupados. Entonces debemos inferir que esto les ofrece determinadas ventajas adaptativas. ¿Cuáles son estas ventajas **evolutivas que presenta la vida en grupo**? :

- primero ofrece una mejor protección contra los depredadores.
- garantiza un mayor éxito reproductivo
- permite una mayor variabilidad
- posibilita una mejor adaptación a las condiciones ambientales físicas
- brinda mayores probabilidades de detección de alimento
- posibilita la división del trabajo.

Veamos cada una de estas ventajas detenidamente:

1- La protección contra los depredadores que da el vivir agrupados viene dado por diferentes elementos:

.- Se ha demostrado la existencia de una **vigilancia colectiva** energéticamente más ventajosa, y esto es lo que se ha denominado *Hipótesis de los ojos múltiples*. En poblaciones, manadas o bandadas de forrajeo se ha demostrado la existencia de una relación inversa entre el tamaño de los grupos y la intensidad de la conducta de vigilancia. Es decir, mientras más grande es el grupo menos tiempo y esfuerzo se le dedica individualmente a la vigilancia antidepredadora por la existencia de una detección colectiva. Esta viene dada porque todos los miembros del grupo son alertados del peligro tan pronto como al menos uno de los individuos sea capaz de detectar al enemigo, y trasmite la señal al resto del grupo bien directamente por medio de conductas *altruistas* (cantos, gritos de advertencia) o indirectamente por su propia huida precipitada. Si hay varios individuos alertas simultáneamente no es necesario invertir individualmente tanta energía y tiempo de vigilancia como sería si estuviesen aislados y así pueden dedicar más tiempo a alimentarse y a otras actividades vitales (hipótesis de Lima, 1990).

Hipótesis del rebaño egoísta: esta hipótesis es una variante de la teoría general de los genes egoístas. Esta es una teoría compleja que plantea que muchos de los procesos evolutivos de las especies vienen dados por una tendencia "egoísta", metafóricamente hablando, que existe en todos los organismos que tienden a competir por sobrevivir para multiplicar su propio genotipo. Es como si los individuos quisieran que sus características hereditarias se mantuviesen en el tiempo más que las de los demás individuos. Por ejemplo la conducta maternal de los mamíferos no es sino una forma de asegurar la evolución que sus descendientes tengan mayores probabilidades de sobrevivir a un periodo crítico de la vida. Muchos animales tienen *conductas altruistas*, "generosas", que aumentan las posibilidades de supervivencia de otros individuos en su grupo aunque las suyas propias disminuyan al atraer la atención de los depredadores sobre ellos, sin embargo esto tiene un trasfondo egoísta ya que en estos casos los individuos que se encuentran con más probabilidad a su alrededor son sus crías, hermanos u otros emparentados que porta también sus genes. La hipótesis del rebaño egoísta plantea que un individuo que pone una presa potencial (aunque sea de su misma especie) entre su cuerpo y el del depredador tiene menor probabilidad de ser atacado. Si varios individuos asumen esta posición el resultado es un grupo. Vean que esto se refleja en las manadas de grandes herbívoros en las cuales los individuos nuevos o de castas inferiores se ven replegados a la periferia del grupo que es la zona de mayor peligro para que así sirvan de defensa a los jefes más antiguos. Igualmente cuando un individuo de una especie gregaria es capaz de ejercer su estatus social reuniendo a su alrededor una manada o grupo familiar obtiene con ello un aumento en su capacidad de supervivencia y por tanto en su aptitud reproductiva.

.- Otra posibilidad es que si la presa no es demasiado pequeña en relación con su depredador *un grupo de ellas actuando en conjunto puede* **defenderse** *mejor* o **disuadir** al enemigo del ataque, como ocurre con los toros o los búfalos que ante ataques de lobos o tigres forman un círculo defensivo cerrado al que no pueden atacar sin peligro, o las manadas de primates (mandriles, monos) que frecuentemente atacan a sus enemigos para alejarlos.

.- Otra posibilidad defensiva que ofrece la vida en grupo es el **efecto de cardumen**, llamado así porque es muy frecuente en los peces carduminosos, y que es que los depredadores *se desorientan al atacar a un grupo rápido y variable de presas que huyen desordenadamente o en varias direcciones de modo que no es capaz de elegir rápidamente a cual individuo particular dirigir el ataque*, con lo que la probabilidad de ser la víctima disminuye mucho más que si la presa está aislada. Efecto similar ejercen las numerosas manadas de herbívoros en las praderas africanas: antílopes, cebras, ñus, etc. al ser atacados por carnívoros (leones, leopardos, etc.).

Además de la defensa, la vida en grupo **aumenta el éxito reproductivo** ya cuando la especie es de reproducción sexual se garantiza el encuentro entre los sexos y/o entre los gametos.

Las **mayores posibilidades de localización del alimento** vienen dado por un principio semejante al de la detección múltiple de los enemigos.

La **mayor variabilidad** *aparece por interacciones genético poblacionales*: mientras mayor es el número de individuos de un grupo mayor es la variabilidad genética que se desarrolla, lo que permite a la especie una mayor adaptabilidad ante los cambios ambientales.

La **mejor adaptación a los factores físicos del ambiente** viene *dada por la capacidad de los organismos de variar las condiciones micro climáticas*. De hecho muchas veces la agregación o gregarismo aparece en adaptación a factores ambientales.

Por ejemplo el altísimo gregarismo de los murciélagos de las cuevas calientes *Phyllonycteris poeyi* permite la creación y mantenimiento de las condiciones micro climáticas particulares de las trampas térmicas (temperaturas de hasta 40°C y humedades relativas del 100%).

Algunas arañas de la especie *Leiobunum cactorum* durante la época de sequía se agrupan y forman amasijos donde se conserva la humedad relativa. Estos grupos pueden llegar hasta los 50.000 individuos, y ellos incluso emiten feromonas de atracción de una glándula en la parte posterior del cuerpo que atrae a otros individuos, y que es detectable hasta unos 30 m.

Muchos homeotermos se agrupan en respuesta al frío para conservar mejor el calor de sus cuerpos, un grupo de árboles conservan mejor la humedad y resisten mejor los embates del viento o la erosión que uno aislado, etc.

Por último la **posibilidad de división del trabajo en organismo sociales** como las hormigas o abejas, hacen más óptimo el funcionamiento del grupo e individualmente disminuyen el gasto energético en sus tareas vitales.

Curioso es también que muchas aves migratorias o marinas aprovechas ciertos efectos de la dinámica de fluidos que les da una mayor fuerza de sustentación lo que les permite volar con menos gasto energético cuando van en grupos dispuestos de manera apropiada que cuando vuelan solas.

Estas son las ventajas que se adquieren en general con la vida en grupos, por ello evolutivamente las especies se han adaptado a formar poblaciones más o menos estrechas.

3.1.3. Atributos de las poblaciones: natalidad, mortalidad, emigración e inmigración,

Ahora bien, las poblaciones tienen toda una serie de propiedades de grupo que las caracterizan y que no se presentan en los organismos individuales. Estas **propiedades intrínsecas de las poblaciones** son denominadas: **parámetros demográficos**, e incluyen:

- tamaño poblacional o densidad
- tasas de natalidad
- tasas de mortalidad
- tasas de emigración
- tasas de inmigración
- distribuciones evales o etarias (por edades)
- composición por sexos
- patrones de distribución.

Vean que cada uno de *estos atributos es resultado de la sumatoria de las características o actividades de los organismos individuales pero no aparecen en ellos.*

Los cuatro atributos señalados son los que afectan o influyen directamente las abundancias de los organismos. La interrelación entre ellos es la siguiente:

Natalidad	Emigración
Densidad Poblacional	
Mortalidad	Inmigración

Comenzaremos viendo que se entiende por **densidad de una población**. En general el término **densidad** significa elementos por unidad de área o volumen, es decir en poblaciones la densidad es el número de individuos por unidad de área o volumen. Así tenemos que la población de venados de un bosque puede ser de 3 individuos por km^2, la densidad de diatomeas en el agua de mar de 500.000 individuos por metro cúbico, la densidad de personas de Canadá es de 2 por km^2, y la de Cuba es de $(11*10^2/$ área$)$ /Km^2.

La densidad poblacional es la manera más utilizada para dar la **abundancia** de los organismos ya que su número total, así en abstracto, no tiene valor si no se menciona el área de la población. El cálculo de la abundancia de una especie es uno de los instrumentos básicos del ecólogo y es prácticamente universal en todos los trabajos sobre poblaciones.

¿Qué importancia tiene la medición de la abundancia?

El conocimiento de los tamaños poblacionales y sus densidades *es básico para el manejo* de las mismas y entiéndase manejo como tanto el elemento de explotación como de conservación. Si una población tiene un número demasiado bajo de individuos es muy posible que este en regresión, es decir en peligro de desaparecer y tal vez debamos tomar medidas para protegerla o restaurarla. Por el contrario si la abundancia es excesiva tal vez débase controlarla para evitar se convierta en una plaga. La determinación de la abundancia poblacional en diferentes etapas *permite determinar el resto de los parámetros demográficos*, es decir la natalidad, la mortalidad o las tasas de dispersión de la especie.

Pasemos a ver los parámetros demográficos más importantes que afectan la abundancia de las poblaciones. Los primeros son la natalidad y la mortalidad.

Natalidad en sí comprende la producción de nuevos individuos por parto, incubación, germinación o cualquiera de los procesos reproductivos de las especies. La **tasa de natalidad** de una población significa la velocidad con que nuevos individuos son producidos. Y vean que el concepto de **tasa** es muy importante tenerlo en cuenta en la Ecología. No es lo mismo la natalidad que la tasa de natalidad, ni el crecimiento que tasa de crecimiento, aunque cuando hablamos coloquialmente generalmente obviemos esa palabra y digamos natalidad o mortalidad cuando hacemos referencia a las tasas. **Tasa** *significa proporción numérica entre dos valores* (generalmente iniciales y finales), que da idea de magnitud o velocidad de cambio. Así cuando de 300 estudiantes 30 desaprueban, la suspensión en el examen fue de 30, pero la tasa de suspensos fue de 0.1 o del 10%.

Dentro de la **natalidad** de una especie (tasa) debemos diferenciar dos elementos que son la **fecundidad** y la **fertilidad**. Entiéndase por **fecundidad** el *nivel potencial o capacidad física para producir descendientes* y viene dada por la capacidad de producir óvulos y espermatozoides, y por **fertilidad**, el *nivel real de producción de descendientes* en una población. Es decir, por ejemplo: la especie humana tiene una tasa de fecundidad de 1 hijo/hembra en edad reproductora cada 9-11 meses, mientras que la tasa de fertilidad puede ser de 1 nacimiento cada 8 años como promedio por cada hembra reproductora. La diferencia entre fecundidad y fertilidad depende de factores intrínsecos de la población y no de la influencia de factores externos.

Tanto las tasas de natalidad como de mortalidad pueden ser divididas en **tasas absolutas** o **teóricas** y **tasas ecológicas o reales**. Las **tasas absolutas** *son las que existirían sin condiciones limitantes* y las **ecológicas** las *reales encontradas en la naturaleza.*

El **índice de natalidad** puede representarse matemáticamente como:

$b= \Delta N_n / \Delta t$: o sea variación en el número de nacimientos por unidad de tiempo y se designa por la letra: **b** (de birth, nacimiento)..

La **tasa de mortalidad** por su parte es otro de los parámetros demográficos fundamentales en el estudio de las poblaciones, pero frecuentemente no se expresa como la **mortalidad** en sí sino como su inverso que es la **supervivencia**.

En relación a la mortalidad no solo importa cuando mueren los organismos sino también porqué mueren. En relación a esto hay que reconocer la existencia de dos tipos de longevidades. Se denomina **longevidad fisiológica** a la *longitud promedio de la vida de los organismos de una población que vive en condiciones totalmente óptimas y sin limitaciones*, en este caso los individuos mueren de *senescencia* o muerte "programada". La **longevidad ecológica** es el *promedio de la longitud de la vida de los individuos en condiciones naturales* (por enfermedades, depredación u otros peligros). En condiciones naturales rara vez los individuos llegan a la senescencia y de ello se encargan los parásitos, depredadores o la competencia por la subsistencia.

Las tasas de mortalidad al igual que la natalidad, dependen de numerosos factores entre los cuales están etapas del ciclo de vida en que los organismos gastan más energía y por lo tanto son más susceptibles. Entre estas etapas están las actividades de invierno, donde la presión de la escasez de alimentos hace vulnerables a la mayoría de las especies, la etapa de migración, en la que los individuos gastan más energía en el desplazamiento, y en la que al estar fuera de su territorio son más susceptibles a la depredación y otros factores de mortalidad, las actividades reproductivos como el cortejo, la cría o el cuidado de la prole, son también etapas en las que los riesgos de muerte se elevan, entre otros.

Al igual que para la natalidad, existe una tasa de mortalidad **teórica o mínima** que depende de la longevidad fisiológica y una tasa de mortalidad **ecológica** que depende de la longevidad fisiológica, ambas obtenidas si las condiciones son ideales o naturales respectivamente.

Las tasas de natalidad o mortalidad pueden *medirse* de forma directa o indirecta. *La forma directa consiste en seguir un número de individuos en el tiempo y registrar los nacimientos o muertes entre los periodos t y t+1.*

La mediciones indirectas se realizan por comparaciones entre las abundancias de dos grupos de edades, pero para ello las poblaciones deben ser cerradas, es decir no intercambiar individuos con otras. O sea, si comparo la abundancia de juveniles entre dos periodos de tiempo puedo atribuir el incremento al nacimiento de nuevos individuos, a menos que exista reclutamiento de estos, por lo que la población debe estar cerrada a esta entrada y también a la salida para que el resultado sea confiable. La medición de la mortalidad consiste en comparar las abundancias de dos grupos de edades consecutivas y aducir el decline a este factor. Este método sin embargo tiene el *inconveniente* que, aunque las poblaciones sean totalmente cerradas, hay un error cometido al asumir que el número inicial de cada grupo de edades era el mismo y que las tasas se mantienen en el tiempo, cosa que es poco frecuente.

De hecho, relacionadas con la mortalidad y su inverso, la supervivencia, al ser graficadas en función de la edad pueden reconocerse tres patrones básicos:

1- **Curvas de tipo I**: *caracteriza las poblaciones en las que el riesgo de muerte se concentra en edades elevadas.* Su forma evidentemente se relaciona con el grado de cuidados parentales o mecanismos defensivos en las primeras etapas de la vida y es típica de organismos superiores como el hombre, mamíferos y aves.

2- **Curvas de tipo II**: representan *poblaciones en las que las probabilidades de muerte se mantienen constantes durante toda la vida.* Son poco frecuentes y aparecen por ejemplo, en las plantas que forman bancos de semillas, es decir que acumulan semillas de diferentes edades en el suelo, que posteriormente germinan cuando las condiciones son propicias, así al germinar plántulas de diferentes edades tiene la misma probabilidad de muerte y la mantienen todo el tiempo (en relación a la capacidad de permanecer en los bancos de semillas, vean que Odum logró la germinación de una semilla tomada del suelo de una tumba antigua de Dinamarca del siglo XI, es decir que tenía 850 años. Semillas de *Ctenopodium album* encontradas en excavaciones arqueológicas han demostrado ser viables a pesar de tener 1700 años.

3- **Curvas de tipo III**: son tal vez las más frecuentes en la naturaleza, que caracterizan *poblaciones de organismos cuya mortalidad se concentra en los primeros estadios de la vid y permanece casi constante en la etapa adulta.* Este es el caso de los invertebrados, peces, tortugas, etc., que no tienen cuidados parentales ya que su estrategia es la de producir la mayor cantidad de huevos posibles para que luego de la intensa depredación y mortalidad sobrevivan los suficientes para perpetuar la especie.

La forma más empleada para la determinación de estos parámetros poblacionales es la construcción de tablas de vida.

Además de las tasas de natalidad y mortalidad habíamos visto la existencia de otros dos parámetros demográficos muy importantes que influían también en la abundancia de las especies: estos eran la **emigración** y la **inmigración**. Estos parámetros son dos formas que existen dentro de los *mecanismos de dispersión* de las poblaciones, aspecto que trataremos con mayor profundidad más adelante.

Se entiende por **inmigración** a los *movimientos de los organismos en sentido único hacia dentro* de la población, lo que afecta positivamente la abundancia.

La **emigración** por su parte, es el *movimiento de los organismos en sentido único hacia afuera* de la población. Estos procesos deben ser diferenciados de la *migración* que es el movimiento cíclico de entrada - salida.

Estos 4 parámetros poblacionales que hemos visto son los fundamentales procesos de regulación poblacional, y en conjunto determinan otro parámetro que es, tal vez, el de más fácil medición: la **tasa neta de incremento poblacional.** Esta incluye los cuatro elementos, y que puede ser determinada por la comparación directa de las abundancias en dos periodos de tiempo sucesivos.

Otro de los parámetros poblacionales más importantes es la distribución o estructura de edades (también conocida como composición eval o etaria). Se conoce por **estructura de edades** *a la proporción de individuos pertenecientes a cada grupo de edad dentro de una población* y generalmente se representa como un histograma vertical de frecuencias o como un diagrama de barras horizontales apiladas, denominada pirámide de edades.

Las distribuciones etarias dan un reflejo del resto de los parámetros poblacionales que hemos visto. Del tamaño de la base de la pirámide podemos inferir la *natalidad* que presenta la especie, de la disminución entre las barras sabemos la *mortalidad* entre los grupos de edades, del grado de aguzamiento de la pirámide conocemos la mortalidad en conjunto que presenta la especie, etc. también podemos llegar a conclusiones funcionales de la población: si esta en aumento o en decadencia. Por ejemplo, por los desplazamientos de las clases de edades hacia estructuras más jóvenes se pueden detectar la sobreexplotación en los peces comerciales ya que las redes son selectivas en tamaño.

Por supuesto todas estas ideas que extraemos del diagrama no son absolutas, sino solo hipótesis de trabajo que deben ser demostradas por otras vías para no presentar efectos confundidos ya que un mismo cambio puede ser resultado de diferentes procesos. Por la estructura de edades observada directamente en ocasiones se puede construir una *tabla de vida*, pero sus resultados no siempre son apropiados porque se debe suponer una distribución de edades constante. De cualquier modo *para un estudio de una población es importante construir su estructura de edades como método exploratorio.*

Para el análisis de la estructura de edades de las poblaciones es importante dividir la pirámide en tres grupos principales (**edades ecológicas**): **pre-**

reproductiva, **reproductiva** y **post- reproductiva**. La duración de cada una de estas etapas es diferente en cada grupo de organismos. Por ejemplo, en los insectos el periodo pre- es mucho más largo al incluir las etapas de huevo, oruga, pupa y capullo en los insectos holometabolos, el reproductivo es corto y generalmente no tienen post reproductivo. En el ser humano las tres edades ecológicas son relativamente iguales, con aproximadamente un tercio de la vida cada una.

De acuerdo al tamaño relativo de estos tres grupos podemos diferenciar tres tipos de poblaciones:

a) una población con un alto porcentaje de individuos jóvenes, lo que indica que está en *expansión o crecimiento.*

b) una población con una cantidad moderada de individuos jóvenes respecto a los viejos, lo que indica una *población estabilizada, estacionaria o tendente a la senilidad.*

c) una población con baja cantidad de jóvenes, en franca *decadencia.*

Las poblaciones tienden a desarrollar una distribución de edades estable, donde las variaciones aleatorias que se introducen producen alteraciones que luego se van perdiendo para regresar al estado de equilibrio.

Existen muchos **métodos para determinar la edad en los organismos**, por ejemplo:

• en los mamíferos se puede utilizar el peso seco del cristalino

• los anillos de crecimiento en escamas de peces y en los árboles

• el grado de osificación de las epífisis de los dígitos en los murciélagos

• el grado de osificación de las suturas craneales en las aves pequeñas

• el grado de desarrollo gonadal

• por la existencia de distintas fases de coloración o morfologías diferentes, etc.

Muchas veces no es posible determinar la edad fisiológica y se emplean características morfológicas que varían linealmente con esta, como el peso, o la longitud de algunas estructuras (tamaño, tarso, hueso peneal *os penis* (báculo), pico, etc.) estableciéndose **clases de edades morfológicas** (cuidando no exista dimorfismo sexual o *analizando separadamente los sexos*). La interpretación de la edad a través de la morfología requiere un conocimiento amplio sobre la biología de la especie en particular.

La edad y el tamaño son tributos individuales muy importantes en los organismos que tiene organización social ya que contribuyen a especificar la posición social de un individuo, por lo tanto su aptitud reproductiva y sus posibilidades de superviencia.

Además de la composición eval, otro parámetro poblacional importante es la proporción o **composición sexual** que presenta, es decir la *proporción de hembras por machos* (o viceversa). Generalmente se espera que la proporción sea del 50%, pero no es muy común que así sea. Es evidente que la proporción de sexos en una población afectará su potencial reproductivo y puede relacionarse con las relaciones sociales en muchas especies. En algunas especies de aves queda un excedente de machos que no logra reproducirse por la limitación de hembras, lo que origina una competencia reproductiva que selecciona los mejores machos. Las poblaciones de lemming de Finlandia tienen solo un 25% de machos.

3.1.4. Potencial biótico, Resistencia ambiental, Capacidad de porte

Como quiera que las poblaciones no son entidades estáticas, no nos podemos detener en la descripción "fotográfica" del estado de estas sino que debemos considerar también la dinámica de su crecimiento en el tiempo: la forma y la velocidad con que cambian su número.

Cuando el medio no está limitado: las condiciones son optimas y los recursos no limitativos, las poblaciones tienen una **tasa de incremento máximo**. Esto puede representarse como: dN/dT=rN, es decir el aumento en el número depende del número de individuos por un factor constante de crecimiento.

Este **índice r** define *la capacidad de aumento de la población* y es en realidad la diferencia entre las tasas de natalidad y de mortalidad (r = b - d) pero como las tasas de b y d dependen de la clase de edad, el cálculo de r es complejo a menos que la estructura de edades sea estable, lo que sucede en condiciones totalmente óptimas. *En estas condiciones de ambiente ilimitado la r es máxima y se denomina* **Potencial Biótico** (índice intrínseco de aumento natural o capacidad innata de aumento según otros autores) La **definición** más generalizada de potencial biótico es: **máxima capacidad reproductora o tasa máxima de aumento de una población en condiciones óptimas y libres de coacción biótica** (sin competencia ni interacción con otras especies).

Si el potencial biótico de una especie se expresara totalmente se sobre poblaría la tierra. Una pareja de elefantes tendría 19 millones de descendientes al cabo de 750 años. Una pareja de moscas domésticas, si desarrollaran su potencial reproductor como lo predice el modelo exponencial, en cinco meses cubriría la superficie de la tierra con una capa de 16 metros de espesor, o en aproximadamente un año tendría 10^{80} moscas en el mundo (7 veces más que el número de estrellas de la galaxia). Hay especies con potencial biótico extremos: por ejemplo una termita africana pone huevos a una velocidad de uno cada varios segundos, lo que se traduce en una producción de 30.000 huevos diarios. Una ostra en cada puesta desova 500 millones de huevos que si sobrevivieran todas en solo 4 generaciones la masa total de ostras sobrepasaría la de la tierra. Claro, no crean que todos los ritmos de reproducción son siempre tan altos: una Sequoia (*Sequoia gigantea*) pone sus primeras semillas a los 175-200 años de edad.

Formas generales de crecimiento de las poblaciones denominada **crecimiento en jota**. Esta forma de crecimiento es poco frecuente en la naturaleza apareciendo solo en ocasiones particulares durante breves períodos, y aunque matemáticamente no tiene límite superior, la N máxima de individuos si se limita en la realidad. Ejemplos de estos son los crecimientos explosivos de las langostas (*Schistocerca* o *Locusta migratoria*), los brotes de las mareas rojas (dinoflagelados de diferentes especies), los brotes de algunas plagas, los Lemmings en la tundra, etc. A estas explosiones le siguen luego caídas bruscas producidas por la acción repentina de factores limitantes o por epizootias (enfermedades). El gráfico de este comportamiento es llamado por algunos autores de *densidad disparada*. Noten que *este tipo de crecimiento es independiente de la densidad de individuos.*

Sin embargo, generalmente en la naturaleza las condiciones no son las óptimas y los recursos están limitados, por lo que existe una presión de competencia, lo mismo por individuos de la misma población, como por otras especies. Esta competencia hace que *la disponibilidad de los recursos dependa directamente de su existencia en el medio y de la cantidad de individuos que simultáneamente los estén utilizando.* En estas condiciones el índice de crecimiento r es menor que el r máximo por que la natalidad y la supervivencia no son las máximas. *La diferencia entre r máximo y r en condiciones naturales se toman como medida de* la **Resistencia Ambiental**, y entiéndase por **Resistencia Ambiental**: a la **suma total de los factores limitativos del ambiente que impiden que se realice el potencial biótico.**

Por ejemplo: en 1994 vivía en Norteamérica 125 millones de patos. Cada pareja pone aproximadamente 15 huevos, si todos hubieran sobrevivido en 1995 hubiese aumentado la población a más de 900 millones, y sin embargo su número no varió sustancialmente, lo que indica que alrededor de 775 millones de ellos murieron. Esto da una medida del control ambiental sobre las poblaciones.

Matemáticamente, la expresión del crecimiento poblacional se altera al introducirse un parámetro que incluye la *disponibilidad del factor ambiental limitante* en forma de proporción.

Si sabemos que el ambiente tiene una *cantidad limitada de recursos* tenemos que introducir el concepto de **Capacidad de Porte (K)** que designa *el número máximo de individuos que ese ambiente puede sostener en base a sus recursos.* La capacidad de carga depende directamente de las condiciones ambientales. Entonces si tenemos un ambiente que soporta K individuos y un número N de individuos utilizándolo *la proporción libre* sería de (K-N)/K. Por lo tanto la ecuación de crecimiento quedaría como: **dN/dT=rN((K-N)/K).**

Esta ecuación el ser representada gráficamente da una **curva en forma de S o sigmoidea** llamada **curva logística** y es la otra de las **formas generalizadas de crecimiento poblacional** denominada **crecimiento sigmoideo.**

La **diferencia fundamental** entre estos dos tipos de *curvas es el momento de acción de la resistencia ambiental*: en el primer caso actúa solo al final mientras que en la sigmoidea comienza a actuar mientras la población va creciendo.

Aunque se ha comprobado que en muchos organismos las poblaciones crece según el modelo sigmoideo esto no quiere decir que se ajusten a la ecuación logística ya que muchas ecuaciones matemáticas producen este tipo de curva, de hecho, cualquier construcción matemática en las que los factores negativos aumenten al aumentar la densidad producirá este tipo de curva. *La ecuación logística se basa en la asunción sencilla de que a medida que aumenta el número de individuos la tasa de incremento per cápita en la población disminuye de forma lineal.*

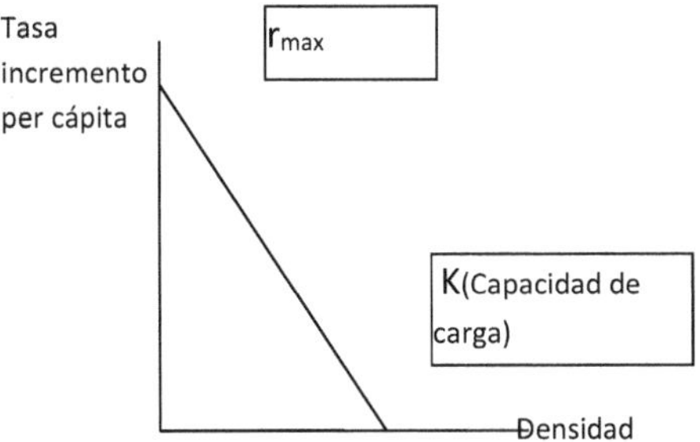

Es decir donde el intersecto con el eje Y representa el incremento cuando no hay individuos competidores (r máx. o potencial biótico) y el intersecto con las X: Capacidad de Carga.

La curva logística se emplea en las *poblaciones de especies cuyas generaciones se solapan y tienen estaciones de reproducción continuas* (por ello se utilizan ecuaciones diferenciales).

En **poblaciones con generaciones discretas**, es decir, una sola época anual de reproducción se emplean otros modelos. En este caso, si cada hembra produce un promedio de R_0 hembras que sobreviven hasta el período siguiente, entonces $N_{t+1}=R_0 \cdot N_t$ (R_0: *tasa neta de reproducción*). Esta ecuación produce una curva geométrica de incremento constante dependiente de R_0 si la tasa de multiplicación poblacional es constante (ambiente no limitado).

 Pero si la tasa R_0 disminuye con la densidad, por ejemplo linealmente, que es la forma más simple, la ecuación se transforma en $N_{t+1}= N_t R / (1+aN_t)$ [$N_{t+1}= N_t\, e^{r[1-Nt/k]}$], que es la *homóloga discreta de la curva logística*.

Hay dos **propiedades que hacen la curva logística atractiva como modelo matemático**:

1- Su simplicidad matemática (solo dos constantes, r y K)

2- Su aparente realidad.

La curva logística lleva implícita cuatro **suposiciones o asunciones** importantes:

1- La población tiene inicialmente una *distribución de edades estables* (al inicio r tiende a r máx., y esta solo existe en esta condición).

2- La densidad se ha medido en *unidades adecuadas* (preferiblemente biomasa)

3- La relación entre la densidad y la tasa de aumento es *lineal*.

4- La influencia depresora de la densidad *actúa instantáneamente, sin retraso*.

Particularmente este último supuesto no es usual en la realidad, ya que los efectos limitantes presentan un retardo en su manifestación. Por ejemplo, la limitación por sitios de anidamiento no aparece cuando la población crece en número sino cuando luego de crecer, van a anidar; el efecto de la limitación de alimento no actúa instantáneamente, sino requiere un tiempo para que los más débiles o menos aptos mueran o emigren, etc. Por esto se han introducido muchas variantes a la curva logística para incluir los retrasos temporales, quedando la ecuación como:

$dN/dT = rN\ [(K-N_{t-w})/K]$ siendo w el tiempo de retraso en la respuesta poblacional.

De esta forma la curva logística simple se reemplaza por una de tres **variantes**:

1- oscilación decreciente hasta el equilibrio en K.

2- oscilaciones constantes alrededor del equilibrio.

3- oscilaciones caóticas.

Vamos a retornar a la ecología y vamos a *interpretar ecológicamente el significado de estas formas de crecimiento poblacional.*

La forma de **crecimiento en J** aparece en poblaciones dominadas por los factores abióticos, típicas en ambientes severos o en especies con requerimientos ambientales muy específicos. Generalmente las especies oportunistas tienen este tipo de crecimiento.

El **crecimiento sigmoideo** es un crecimiento autolimitado y aparece en condiciones de ambiente estable. Es típica de organismos en un ambiente nuevo y favorable. Cuando se analiza la curva se distinguen tres **fases**:

1) *Crecimiento inicial lento*, durante el cual los individuos se ajustan a un nuevo ambiente

2) *Fase logarítmica*, es la fase de aceleración positiva con un crecimiento exponencial sin limitaciones. Llega hasta el punto **k / 2**, en el cual comienzan a influir las limitaciones. Este es el punto de **máximo crecimiento poblacional** y se conoce como punto de inflexión, ya que la curva cambia su concavidad.

3) **Fase de desaceleración**: cuando ya los efectos de limitación del ambiente se hacen muy fuertes y la población cada vez crece más lento hasta

4) equilibrarse en un punto.

Generalmente en esta fase la curva real no es asintótica sino muestra **oscilaciones variables** por diversas causas, una de ellas *las propias variaciones ambientales que hacen oscilar el límite superior*, o se comporta según *el retraso en la aparición del efecto limitante del factor ambiental*.

Como hemos visto ya en varias ocasiones, *existen varios parámetros poblacionales que dependen directamente de la densidad*. Así podemos encontrar la existencia de **natalidad denso dependiente** y **natalidad independiente de la densidad**. Esta se pone de manifiesto sobre todo en especies gregarias que necesitan el estímulo de la presión grupal para desarrollar sus mecanismos reproductores. Esto es muy evidente en aves como las cotorras y otros psitácidos, pero aparece en casi todas las poblaciones naturales, donde además se da el efecto lógico de que con mayor densidad aumenta la probabilidad de encuentro entre los sexos y/o gametos por lo que la natalidad aumenta con la densidad (hasta un punto).

Además, la natalidad en las poblaciones depende directamente de la fecundidad y fertilidad de las especies que no son constantes, sino que dependen de múltiples factores como son:

El volumen corporal: los organismos más pequeños producen familias más numerosas.

- El tiempo en que ocurre el apareamiento: los esfuerzos reproductivos iniciales y finales tienen menor progenie, que aquellos que ocurren en plena época de reproducción.

- La edad de los padres: tanto al inicio como al final de la vida reproductiva la fertilidad disminuye, por inexperiencia y estado fisiológico.

- La disponibilidad de alimentos: el estado nutricional de los organismos condiciona su aptitud reproductiva y esto depende de la cantidad de alimento disponible. De hecho muchas especies condicionan su época de reproducción a la etapa del año con mayor cantidad de alimentos.

- La densidad de población: un aumento en la densidad de población produce una disminución de la fecundidad, es decir, esta es denso dependiente.

- La latitud influye directamente. A mayores latitudes, las familias son más numerosas, debido a la estacionalidad de las condiciones apropiadas, en los trópicos las condiciones permiten intentos reproductivos continuos con menor fecundidad cada uno de ellos.

  - Estabilidad del ambiente, por ejemplo, las familias son más numerosas en los continentes que en las islas y áreas costeras.

  - Tipo de hábitat, grupo taxonómico de la especie, etc.

Igualmente existe **mortalidad denso dependiente** y **mortalidad independiente de la densidad**. La mortalidad independiente de la densidad es causada por *efectos aleatorios* y por la *senescencia fisiológica*, mientras que la dependiente de la densidad es la relacionada directamente con el número de individuos, como son la *mortalidad por depredación* (mientras más presas, más consumo), el *parasitismo* (mientras más hospederos, mayor frecuencia de parásitos y mayores posibilidades de transmisión efectiva), las *enfermedades* (mayor transmisibilidad), la muerte por hambre (por aumento de la competencia intraespecifica con la densidad), etc. y los que no dependen de esta son los factores impredecibles del clima, causas antropogénicas y eventos estocásticos. La mortalidad denso dependiente tiene un papel regulador del tamaño poblacional importante mientras que la no dependiente no interviene en la regulación de la población. El papel regulador y a la vez autorregulado de este parámetro demográfico se manifiesta por la existencia de la **mortalidad compensatoria**, dada porque un incremento en un tipo de factor de mortalidad dependiente de la densidad, resultará en el decremento de otro de los factores de mortalidad denso dependientes, de modo que se regule el tamaño poblacional en un nivel más o menos constante.

Otros factores que son causa importante de mortalidad en los organismos, sobre todo en animales, es la inexperiencia que puede presentarse en lugares desconocidos o en las especies liberadas del cautiverio, que se transforman en individuos altamente sensibles a los factores de riesgo.

Las tasas de mortalidad y natalidad denso dependientes conducen a la regulación del tamaño de las poblaciones, apareciendo los *tres casos siguientes*: cuando ambas dependen, o cuando una de ellas depende, las poblaciones tienden a la posición de equilibrio K, que corresponde con la capacidad de carga del ambiente. Por supuesto estas gráficas son meras caricaturas de lo que sucede en condiciones ideales, nunca es tan simple ya que las fluctuaciones ambientales son impredecibles. De hecho existe una amplia gama de factores que influyen sobre los organismos y sus poblaciones afectando sus parámetros poblacionales, es por ello que casi nunca la mera competencia entre los individuos (causa primaria de la acción demográfica de la densidad) mantiene por si sola una población en equilibrio. Lo que si puede es actuar sobre varias densidades y llevarlas a un rango limitado de densidades finales, con lo cual justifica que se coloque la **competencia intraespecífica** como uno de los factores reguladores del tamaño poblacional.

Además de estas variaciones de la K producidas por cambios ambientales, también hay oscilaciones a largo plazo en los tamaños poblacionales producidos por variadas causas muy poco conocidas aún.

Hablando de regulación poblacional, haremos un pequeño comentario sobre la situación de la población más importante de la biosfera para el ecólogo: la población humana. Desde principios de siglo, al aplicar estas ecuaciones demográficas y otras mucho más realistas se había previsto que el crecimiento de la humanidad se establecería en un valor dado a principios de este siglo. Sin embargo en la población humana han desaparecido los elementos de control dependientes de densidad: la muerte por enfermedades se ha limitado extraordinariamente, no hay competencia directa por los recursos y el control de la natalidad no se ha efectuado por sus causas naturales por lo que la población en lugar de seguir una curva sigmoidea auto limitándose, está siguiendo un crecimiento exponencial, y como sabemos lo que sigue detrás de esta forma de crecimiento, hemos de tomar como especie medidas urgentes porque la superpoblación del planeta es ya evidente y el ritmo de crecimiento continúa creciendo.

La **ecuación logística** es un componente integral de los modelos de relaciones interespecíficas, y *ha desempeñado un papel central en el desarrollo de la Ecología*. A partir de estas ecuaciones se ha desarrollado un concepto muy importante en la *descripción de los ciclos vitales de las especies* y que es el concepto de **selección r/k** (propuesto inicialmente por Mac Arthur y Wilson (1967) y Pianka (1970)). Las letras r y k provienen de los términos de la ecuación logística.

Los **individuos seleccionados por r (estrategas R)** han sido favorecidos por su capacidad de reproducción rápida (es decir por presentar un elevado valor de r) mientras que los **seleccionados por k (Estrategas K)** han sido favorecidos por su capacidad de efectuar una contribución proporcional importante a una población que permanece en su capacidad portadora. El concepto se basa en la existencia de dos tipos opuestos de hábitats; *hábitats con selección r* y *hábitats con selección k*, que dan origen a los estrategas r y a los estrategas k.

Los **estrategas k** se presentan en *ambientes estables, constantes o bien prediciblemente estacionales en el tiempo y con pocas fluctuaciones ambientales aleatorias.* En estos ambientes la *competencia es muy severa* y los resultados de esta determinan la supervivencia y fecundidad de los adultos, por consiguiente la **estrategia ecológica de estas especies k** seleccionadas radica fundamentalmente en *dedicar un mínimo esfuerzo a la reproducción y un máximo esfuerzo a desarrollar la habilidad competitiva.* Las características predichas para estos tipos de organismos son un *tamaño grande* (el ambiente les da oportunidad y tiempo para acumular biomasa), una *reproducción retardada, iteroparidad* (reproducción más extendida), una *asignación reproductiva más baja, descendientes de mayor tamaño y en menor número*, y con más *cuidados parentales* para garantizar la supervivencia de las crías y desarrollar su habilidad competitiva. Por supuesto que la forma de crecimiento de sus poblaciones es sigmoidea.

En cambio la **selección r** aparece en *ambientes inestables, impredecibles en el tiempo o efímeros.* Los estrategas r *tienden a maximizar su tasa de incremento.* De modo intermitente la población experimenta bruscos periodos de crecimiento demográfico, *libre de competencia*, cuando el ambiente fluctúa hacia un periodo favorable o un nuevo hábitat acaba de ser colonizado. Sin embargo estos periodos se intercalan con otros donde la *mortalidad es inevitable* porque el ambiente se acaba o se agota, siendo las *tasas de mortalidad altamente variables e impredecibles* y con frecuencia *independientes del tamaño de la población.* Las características de los individuos r son *tamaño reducido, madurez precoz, posible semelparidad, mayor asignación reproductiva, descendientes de menor tamaño, muy numerosos y sin cuidados parentales.* Es decir la estrategia es *invertir la máxima cantidad de materia y energía a la reproducción y dejar tantos descendiente y tan rápido como sea posible.*

Las **cadenas de causalidad** que se supone den lugar a los estrategas k y r son las siguientes:

Primero, la cadena causa -efecto da una vuelta completa reforzando las presiones originales, es decir constituye un *mecanismo de retroalimentación positivo*. Y segundo, la interacción población - organismo y viceversa durante la evolución. Esto refuerza la idea que de que el organismo individual es la unidad básica de la Ecología ya que los niveles superiores, en este caso las poblaciones, reflejan las características y adaptaciones de aquellos, sin embargo, los niveles de organización han tenido durante la evolución un papel muy importante en la selección y modelación de las características que los conforman.

Existen muchas evidencias naturales de la certeza de esta división entre estrategias ecológicas, pero existen otros muchos casos donde el esquema no se ajusta, lo que da a entender que esto no es sino un caso especial de una teoría demográfica más general. Además de la clasificación r/k existen alternativas de clasificación como el de las "apuestas compensatorias" de Schaffer (1974) o la clasificación de Grime (1974, 1979) (estrategia ruderal, competitiva y tolerante).

Resumiendo las características de los patrones reproductivos de las especies con cada tipo de estrategia ecológica, podemos decir que la reproducción de los estrategas **r** se caracterizan por ser una reproducción a temprana edad, con familias numerosas, reproducción constante, periodo de gestación breve, y cuidado parental breve o ausente; mientras que los estrategas **k** tienen un patrón reproductivo caracterizado por la reproducción a edades avanzadas, familias pequeñas, reproducción infrecuente, periodos de gestación largo y cuidados parentales avanzados.

En general no existen especies **r** ni especies **k** puras, sino más bien, especies cuyas características tienden a un tipo u otro de estrategia. Los ejemplos extremos de estrategas **r** son los ratones, los conejos, los mosquitos, etc., mientras que los estrategas **k** típicos son las ballenas, los elefantes, los grandes ungulados y otros.

Se pueden establecer comparaciones amplias entre taxones, por ejemplo, entre vertebrados superiores (K) e insectos (r), pero dentro de cada uno de ellos existen especies que pueden clasificarse tanto en una como en la otra estrategia.

También hay ejemplos particulares donde una misma especie puede tener poblaciones en dos hábitats diferentes donde se expresan estrategias adaptativas diferentes, por ejemplo: las *Littorina rubís* en farallones agrietados muestran una estrategia r y en costa rocosa una estrategia K.

Hasta ahora hemos estudiado toda una serie de elementos demográficos. Sin embargo hay un punto sobre el que no hemos dicho nada y es sobre la **distribución espacial** interna de estas. Sabemos que una población es un conjunto de organismo de una misma especie que habita en un área dada, pero, ¿como se distribuyen los organismos en esta área?

Existen *tres tipos fundamentales* de **distribución espacial**: **aleatoria** o al azar, **agregada** y **regular**.

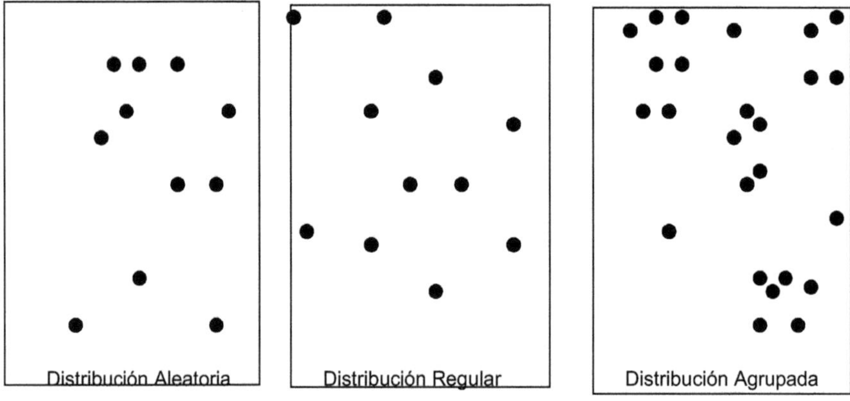

Distribución aleatoria se presenta *cuando la probabilidad de encontrar un organismo dado en cualquier punto del área es la misma*, y esto ocurre generalmente cuando no existen interacciones entre los organismos y cuando el área es muy homogénea o uniforme.

La distribución regular y la agregada aparecen ya cuando hay interacciones directas o indirectas entre los organismos: si las *interacciones son de tipo negativo*, la distribución es **regular** (también llamada uniforma, homogénea o hiperdispersa) y por lo tanto la regularidad aparece como resultado de una *tendencia de los individuos a evitar a los demás*, o cuando los que están demasiado próximos mueren, por el contrario, si las *interacciones son positivas* o cuando todos los individuos tienden a ser atraídos por determinada parte del ambiente aparece la **distribución agregada** (denominada también contagiosa, agrupada o subdispersa). Esta asociación aparece principalmente por *3 vías*: resultado de una tendencia social, de una distribución agregada de los recursos o de la tendencia de permanecer la progenie junto a sus progenitores. La agrupación también puede aparecer por alguna de las ventajas que presenta la vida en grupo y que habíamos estudiado al comenzar el tema de las poblaciones.

La *distribución espacial* de los organismos dentro de una población *depende de la escala espacial a la que se esté realizando el estudio*, por ejemplo: una especie de pulgón que vive en un tipo de árbol. A una escala amplia el pulgón se distribuye de forma agregada: en bosques, sobre la especie de árbol dentro de los del bosque y no en otros. Sin embargo, en un mismo árbol, utilizando cuadrantes de 25 cm^2 (aproximadamente el área de sus hojas) la distribución resultará aleatoria por todo el follaje. Pero si se estudia por cm^2 se verá que dentro de una misma hoja la distribución es quizás regular porque uno tiende a evitar a los otros.

Deben realizarse los estudios a todas las que sea posible ya que tanto las escalas amplias como las más pequeñas brindan información útil sobre la ecología de la especie, solo que el investigador debe enmarcar bien los objetivos de su estudio y en base a ellos emplear la escala que más le convenga. Sin embargo, es importante determinar la forma de distribución espacial ya que de ella dependerá la eficiencia del resto de los métodos empleados en el estudio de la población.

¿Cómo determinar el tipo de distribución de una especie sobre la base de conteos?

Hay varias vías para ello:

- por medio de la varianza relativa: si $S^2 = X$: la distribución es al azar, si $S^2 > X$, es agrupada y si $S^2 < X$ es uniforme. Pero como todo esto debe ser comprobado estadísticamente se utiliza la razón entre estos dos estadígrafos, en lo que se denomina **Índice de agregación (ID)**. $ID = S^2/X$.

 La significación estadística puede hallarse por muchas vías, por ejemplo, como ID no es más que un ajuste a la distribución teórica de Poisson, puede contrastarse con una distribución X^2. Comparando la expresión $ID_{(n-1)}$ con los valores teóricos de la *distribución X^2*: si $X^2_{0.975} > ID_{(n-1)} > X^2_{0.025}$ se acepta la hipótesis nula de aleatoriedad. Pero si $ID_{(n-1)} < X^2_{0.975}$ entonces la distribución es estadísticamente regular, y si $ID_{(n-1)} > X^2_{0.025}$, entonces es contagiosa o agrupada.

Este índice presenta el grave inconveniente de que depende directamente de la abundancia, así las especies dominantes tienen valores más altos y las accesorias más bajos (independientemente de la distribución).

Para no emplear ningún índice puede conocerse la distribución espacial de una población comparando estadísticamente los valores esperados en una distribución al azar con los observados, lo mismo usando el número de individuos por cuadrante como la distancia entre ellos. Para calcular la proporción esperada de Unidades de Muestreo (UM) con un número dado de organismos se utiliza la distribución de Poisson:

$$P_{(x)}=M^x e^{-m}/x! \quad \text{M: número medio de individuos}$$

Ej: 172 pulgones se contaron sobre 150 hojas (M=172/150=1.1467). El número esperado de hojas con tres pulgones es:

$$P_{(3)}=[(1.1467)^3 \cdot e^{-1.1467}]/3! =. 0.080= 8\%.$$

El 8% de 150 hojas es 12. Y así se continúa obteniéndose al final:

Pulg./hoja	Hojas obs	Hojas esp.	Poisson
0	70	47.65	0.3177
1	38	54.64	0.3643
2	17	31.33	0.2089
3	10	11.98	0.0798
4	9	3.43	0.0229
5	3	0.79	0.0052
6	2	0.15	0.0010
7	1	0.02	0.0002
8 o más	0	0.00	0.0000
Total	150	149.99	1.0000

La distribución observada y esperada se puede comparar con X^2 o con cualquier otra prueba estadística.

Otro de los tantos métodos empleados para establecer la distribución espacial de una población es el Coeficiente de Charlier Cc.

$$Cc= \frac{\sqrt{S^2 - \overline{X}}}{\overline{X}} *100$$

Este coeficiente es independiente del número total de individuos capturados y del valor medio de su abundancia, pero no del tamaño de la muestra, por ello es considerado un buen indicador del índice de agregación.

Otro de los índices más utilizados es el Índice de Morisita (I_b).

$$I_b= \frac{n\left(\sum X^2\right) - \overline{X}}{\left(\sum X\right)^2 - \sum X}$$

Este índice es independiente del tamaño de la muestra y de la densidad media. Si Mi = 1 la distribución es al azar; si Mi<1 es uniforme y si Mi es >1 es agregado.

También puede utilizarse la distribución **t de student**:

$$t= |ID_{obs}\text{-}Id_{esp}|/ \text{ error}; \qquad error= V2/(n\text{-}1)$$

$$t= [S^2/x \ \text{-}1] / V2/n\text{-}1 \qquad gl = n\text{ -}1.$$

Estos índices de dispersión para el análisis de la distribución espacial de las poblaciones han sido ampliamente criticados porque pueden conducir a conclusiones erróneas, por lo que en investigaciones profundas en las que de su resultado dependan otros importantes, no deben ser empleadas sino como análisis exploratorio no comprobatorio, es decir, como paso previo a otros análisis estadísticos más seguros, como son la comparación directa con distribuciones probabilísticas como la normal, de Poisson, binomiales positivas o negativas, etc.

Finalmente también pueden inferirse la distribución, aunque con mayor probabilidad de error, utilizando sencillamente la forma de los histogramas de frecuencias con los resultados de las parcelas o transectos (UM). Las distribuciones dan los siguientes gráficos:

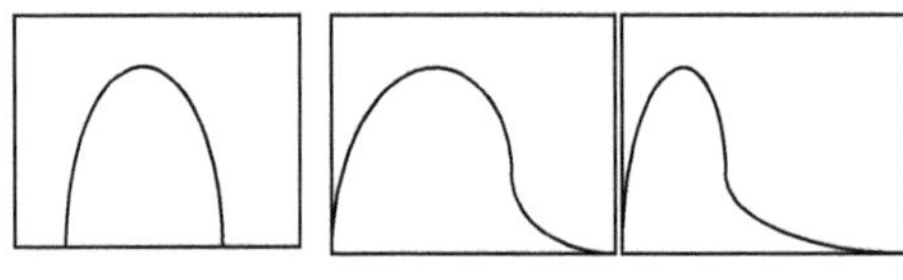

Estos tipos de distribuciones espaciales dependen estrechamente de los mecanismos y formas de dispersión de las poblaciones. Vean que la dispersión es un concepto diferente al de desplazamiento: los organismos se desplazan pero solo las poblaciones se dispersan, es decir la dispersión es otra de las propiedades de grupo.

Dispersión se emplea generalmente para significar la separación de los individuos en diferentes direcciones y puede implicar movimientos activos (nadar, volar, andar) o pasivos (por agua, aire). Este proceso es esencialmente diferente de las migraciones que siempre son activas y orientadas en una única dirección. La tasa de dispersión es variable y depende de cambios en la disponibilidad de recursos, depende de la edad de los organismos, de la densidad de la población, etc.

Las migraciones implican movimientos entre hábitat con ciclos que pueden ser del orden de horas, días, meses o años.

Existen migraciones con el objeto de reproducirse (migraciones gaméticas), para obtener alimentos (migraciones tróficas) o para ubicarse en condiciones de climas apropiados (migraciones climáticas). También existen migraciones latitudinales, horizontales, latitudinales y verticales.

En relación a la duración relativa de la migración respecto a la duración del ciclo de vida, las migraciones pueden clasificarse en migraciones de regresos múltiples, cuando el mismo animal viaja varias veces entre los hábitat como es el caso de las aves migratorias; migraciones de regreso único cuando cada individuo solo puede migrar una vez en toda su vida como es el caso del salmón cuando va del río a crecer al mar regresa a desovar para morir en el mismo lugar donde nació; y migraciones de un solo viaje donde cada individuo

solo realiza un viaje de desplazamiento entre hábitat y muere sin llegar a
regresar a su lugar de origen.

Dispersión:

En general la dispersión es esencial para una buena probabilidad de
supervivencia, a pesar de que por si misma tiende a ser arriesgada y existirá
siempre el compromiso o equilibrio de riesgos entre vivir más tiempo en un
hábitat ya ocupado y arriesgarse a un nuevo acto de colonización. Sin
embargo la dispersión desde el punto de vista evolutivo es lo que se denomina
una estrategia evolutivamente estable, es decir se presenta en todas las
especies bien con presiones directas para su aparición o sin presiones de
eliminación. Desde el punto de vista genético la dispersión disminuye las
probabilidades de endogamia y la consecuente depresión por consaguinidad.
Los movimientos de emigración e inmigración que habíamos visto como parte
de los procesos demográficos inherentes de las poblaciones no son más que
un reflejo de los procesos dispersivos.

La dispersión puede ser a causa de tendencias adaptativas innatas
(independiente de las condiciones ambientales) o bien propiciada o promovida
por causas ambientales incluyendo el grado de disponibilidad de los recursos.
En general los estudios sobre dispersión son escasos, e inclusive en estudios
poblacionales se asume que la emigración e inmigración sean iguales y se
anulen entre si y no se tienen en cuenta.

Sin embargo este es un tema muy interesante ya que hay evidencias de que
desde el punto de vista evolutivo debe tener una importancia mayor de la
esperada ya que los dispersantes parece que no son una submuestra
genéticamente aleatoria de la población, por lo que los efectos sobre el
intercambio genético entre poblaciones y el origen de nuevas especies debe
ser intenso. Además esta demostrado que hay diferencias en la propensión a
la dispersión entre los sexos, etc.

Finalmente señalaremos también la existencia de una dispersión en el tiempo
cuyos objetivos y efectos son iguales a los de la dispersión en el espacio. Un
organismo cuando las condiciones no son favorables puede retardar su
aparición en espera de mejores condiciones desarrollando fases latentes.
Estas, a menudo son más tolerantes a las condiciones adversas que los
organismos adultos. En este sentido el letargo puede ser profético si se inicia
antes de que aparezcan las condiciones adversas o consecuentes si aparece
en respuesta directa a esta. El letargo profético en muchos animales se
denomina diapausa y en las plantas letargo primario o innato. La diapausa es
muy común en insectos.

Como hemos visto hasta ahora los cuatro parámetros demográficos mas importantes dentro de la regulación poblacional, son: la natalidad, mortalidad, emigración e inmigración. Sin embargo de forma general existen otros eventos dependientes de la densidad que tienen una función reguladora del tamaño de la población. Estos eventos son: la competencia, que actúa a través de la dominancia jerárquica, interferencia y territorio; las enfermedades cuya influencia actúa a través de la mortalidad; los parásitos que también actúan aumentando las susceptibilidad a los factores de mortalidad; el estrés social, dado por la existencia de disturbios fisiológicos provocados por las altas densidades que provocan contactos anormales entre individuos que a largo plazo afectan la natalidad, la agresividad intraespecifica y la susceptibilidad a enfermedades, etc.

3.1.5. Relaciones entre los organismos. Relaciones intra e interespecíficas.

Las relaciones entre los organismos es un aspecto muy importante en la naturaleza de las poblaciones, que no compete ya a sus características internas sino a su expresión en el ambiente biótico. Cuando los organismos desarrollan sus funciones vitales y se proyectan en el ambiente entran en interacción directa con otras poblaciones, resultados de lo cual se modifican muchas de sus propias características. Estas interacciones se denominan en sentido general: relaciones interespecíficas.

Se consideran como **relaciones interespecíficas** a todas las interacciones que aparecen entre las especies coexistentes.

Existen tres **tipos básicos de efectos** que la población de una especie puede tener sobre el crecimiento o la reproducción de otra especie. Estos son efectos *positivos, negativos* o *neutros*, que se representan como (-), (+) y (0) respectivamente. Si probamos con todas las combinaciones posibles tenemos relaciones: +/+, +/-, +/0, -/-, -/0, 0/- y 0/0.

Las relaciones interespecíficas pueden ser descritas a *grosso modo* en función de esta combinación de efectos. Así tenemos:

* relación 0/0: **neutralismo**: ninguna especie ejerce ningún efecto sobre la otra (equivale al cero matemático).
* relación 0/+: **comensalismo**: cuando una de las especies se beneficia de la coexistencia con la otra, sin perjudicarla ni beneficiarla con su presencia.

- relación 0/-: **Amensalismo**: cuando la especie provoca con su mera existencia una disminución en las posibilidades de crecimiento y desarrollo de la otra sin resultar beneficiada ni perjudicada con ello.
- relación -/-: **competencia**: ambas especies disminuyen de forma absoluta sus posibilidades de crecimiento o supervivencia al tener que dedicar más energía a determinados procesos a causa de la interacción o a la propia interacción.
- relación +/+: **simbiosis, mutualismo o cooperación**; cuando ambas especies se benefician de la coexistencia.
- relación +/-: **depredaciones**: cuando una especie utiliza a la otra como recurso. También aparecen estas relaciones en el caso particular de la antibiosis.

Existen varias maneras de clasificar estas relaciones. Hay autores que las clasifican de forma absoluta como positivas o negativas, o antagónicas y no antagónicas, o simplemente prefieren no clasificarlas o emplean otros sistemas. Particularmente nosotros, por motivos solo didácticos, las separaremos en **relaciones de antagonismo** y **no antagónicas,** de la manera siguiente:

		Competencia
	Antagónicas	Depredación (4 tipos)
		Amensalismo.
Relaciones Interespecíficas		
		Neutralismo
	No antagónicas	Comensalismo
		Cooperación, simbiosis y mutualismo

Pero somos de la opinión de que no se deben clasificar, ya que en la naturaleza no son relaciones discretas sino forman un continuo encontrándose en todos los casos, ejemplos de interacciones intermedias entre una y otra.

3.1.5.2. Relaciones antagónicas. Competencia, Depredación (tipos). Parasitismo (parasitoides).

Las **relaciones antagónicas** *son aquellas en las que al menos una de las especies interactuantes ve disminuidas sus posibilidades de crecimiento y supervivencia.* Las **no antagónicas** *son aquellas en las que ninguna especie disminuye sus posibilidades de crecimiento y supervivencia.* No puede decirse que sean aquellas en las que alguna de las especies se ve beneficiada, porque existe el neutralismo, que evidentemente es no antagónico.

Comenzaremos el estudio de estas relaciones, y en particular de las relaciones antagónicas, comencemos con la competencia.

La **competencia o competición** es la más conocida de las relaciones interespecíficas y sobre su base fue originalmente explicada la evolución de la vida por Darwin. La lucha por la existencia y la aceptación generalizada de la supervivencia de los mejores adaptados como medio importante de producir la selección natural, ha dirigido la atención hacia los aspectos competitivos de la naturaleza.

Primero definamos competencia o competición: "**competencia** *es una interacción entre individuos provocada por la necesidad común de un recurso limitado, y conducente a la reducción de la supervivencia, el crecimiento y/o la reproducción de los individuos competidores*". Esta es la definición general y se adapta tanto a la competencia intraespecífica como a la interespecífica. La **competencia intraespecífica** es la responsable del modelo de crecimiento sigmoideo de las poblaciones, y el elemento de retardo del crecimiento de la ecuación logística. Esta competencia si bien es muy importante en el control del crecimiento poblacional, como ya habíamos visto, no será objeto de estudio en este momento, sino que nos centraremos en la otra situación, en la que los individuos competidores perteneces a diferentes especies.

Existen toda una serie de **principios generales o rasgos comunes** en todos los casos de competencia:

* el efecto último siempre es una menor contribución a la generación siguiente (reducción en la fecundidad y/o supervivencia).
* La competencia solo aparece si hay superposición entre los nichos ecológicos de dos especies y siempre aparece por un recurso limitante (si los recursos no son limitantes hay convivencia no competencia).

- la competencia es a menudo, altamente asimétrica, es decir, las consecuencias no son iguales para las dos especies, sino que una se ve más "afectada".
- generalmente la competencia por un recurso afecta la capacidad de competencia por otros recursos. Por ejemplo: una planta que crezca en un suelo con alta competencia por nutrientes, estará limitada en su capacidad de crecimiento para competir por la luz; una colonia de briozoarios que tenga que competir por nutrientes, tendrá menor capacidad competitiva por el espacio, etc.
- En la competencia también hay que distinguir entre dos formas: la **competencia por explotación**: *cuando un individuo se ve afectado indirectamente por la cantidad de recurso que queda luego de haber sido explotado por otras especies*; y la **competencia por interferencia**, *cuando los individuos reaccionan directamente unos con otros*, como ocurre con la competencia por el espacio (territorialismo, competencia entre organismos sésiles, etc.).

La simetría que mencionábamos puede ser tan fuerte que prácticamente la afectación de una de las especies es mínima, y ahí caeríamos en la relación 0/-, denominada amensalismo, que estudiaremos más adelante. Esto prueba que en la naturaleza los tipos de relaciones forman un continuo, por lo que las clasificaciones se vuelven artificiales.

Inclusive el concepto de las relaciones antagónicas es relativo, ya que en este caso, la *competencia por su asimetría puede provocar que a pesar de la disminución absoluta del crecimiento y/o la supervivencia de las especies, la de menor disminución tendrá un aumento relativo de su eficacia*, es decir, un competidor fuerte que sea capaz de mantener su contribución a la próxima generación con poca afectación mientras que el competidor débil la disminuye más, proporcionalmente prevalecerá aún más sobre las demás especies por lo que la competencia lo estará beneficiando. Por esta razón no es correcto decir que la competencia afecta adversamente a todos los individuos competidores. Una relación que se denota como -/- puede tender a ser 0/- e incluso a ser "+/-".

La modelación matemática de la competencia se la debemos a dos investigadores, el físico Lotka (EEUU) y el matemático Volterra (italiano), quienes casi simultáneamente (1925-26) publican un modelo matemático del crecimiento de las poblaciones bajo este efecto. Estos dos señores son lo que más aportes han hecho a la modelación de las poblaciones. Este modelo recibió sus nombres: **ecuación de Lotka y Volterra**, y es una extensión a diferentes situaciones de la ecuación logística.

La base de su modelo consiste en sustituir el término de la derecha de la ecuación logística por otro semejante pero que incluye el efecto de la competencia interespecífica.

Recuerden que el término que incluía el retardo de la ecuación exponencial transformándola en sigmoidea era el que incluía la disminución de la capacidad de carga del ambiente con el aumento de individuos: (K-N)/K.

¿Que sucede si se incluye una especie competidora? Sucede que el factor limitante del medio es compartido entre las especies y por tanto la capacidad de carga del ambiente para cada especie en particular disminuye en una proporción determinada por el número de individuos de la otra especie que compite.

Es decir: tenemos un espacio de recursos K_1 donde coexisten N_1 individuos de la especie 1 y N_2 individuos de la especie 2. Pero como cada individuo no ocupa necesariamente la misma cantidad de "ambiente" o recurso, se introduce el término α, que es una constante de proporcionalidad o factor de conversión de los individuos de una especie en un número equivalente de individuos de la otra. Por tanto, finalmente el ambiente disponible es el original menos el utilizado por los individuos de la especie 1 y menos el utilizado también por los individuos de la otra especie (2) en unidades de individuos de la especie 1. Es decir:

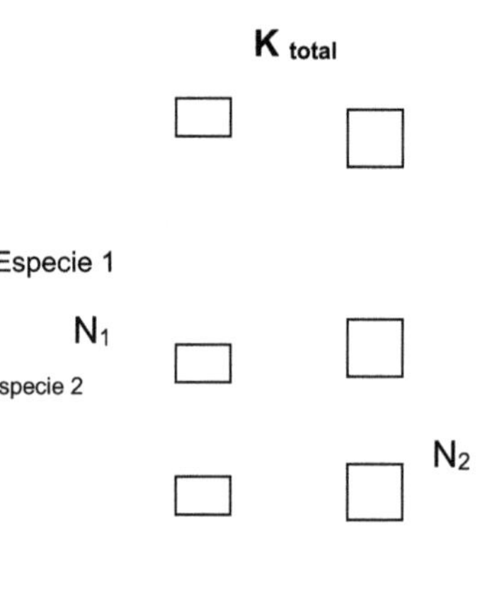

$K = K_{total} - N_1 - \alpha N_2$, así la ecuación logística queda para la población de la especie 1 como:

$$\frac{dN_1}{dt} = rN_1 \frac{\left[K_1 - \left(N_1 + \alpha N_2\right)\right]}{K_1}$$

$N_1 \not\subseteq N_2$

$N_1 = \alpha N_2$

α: Factor de conversión

y para la población de la especie 2 como:

$$\frac{dN_2}{dt} = rN_2 \frac{\left[K_2 - \left(N_2 + \beta N_1 \right) \right]}{K_2}$$

Vean que ni los coeficientes ni las K son iguales para las dos especies. Estas ecuaciones ya incluyen tanto la competencia ínter específica como la intraespecífica.

Este modelo hereda todos los problemas y virtudes de la curva logística y es capaz de representar adecuadamente muchos de estos fenómenos. La solución de estas ecuaciones produce tres tipos de resultados esenciales, dos de ellos donde inevitablemente una especie excluye a la otra, una solución donde se obtiene un equilibrio inestable que ante cualquier perturbación deriva en la primera y una solución donde existe un equilibrio estable entre ambas poblaciones.

Aquí vemos por primera vez algo que constituye uno de los principios básicos y primeramente enunciados de la competencia que es la **exclusión competitiva**. El primero en estudiar la competencia fue el científico ruso Gause, que en 1935 trabajó en cultivos mixtos de paramecios: *Paramecium caudatum, Paramecium aurelia* y *Paramecium bursaria*. Cuando se cultivaban independientemente se producían curvas de crecimiento diferentes a las de los cultivos mixtos. Partiendo de estos resultados Gause enunció un principio que luego tomaría su nombre: **Ley de Gause** o **Principio de exclusión Competitiva**, y que planteaba que "*dos especies que ocupen el mismo nicho ecológico no pueden coexistir en un mismo lugar a un mismo tiempo, ya que se tenderá siempre a la eliminación, extinción o desplazamiento de los peor adaptados*". Es decir, que dos especies competidoras solo pueden coexistir si evolutivamente se seleccionan pequeñas diferencias en el nicho ecológico que eviten la superposición de los nichos, es decir, la competencia.

Cuando los nichos de dos especies se superponen en ambientes limitados es que aparece la exclusión competitiva. Evolutivamente como la competencia es energéticamente costosa, la evolución ha tendido a minimizarla por medio de la adquisición de un grado mínimo de diferenciación entre los nichos, es decir han sido seleccionados aquellos individuos que mostrasen mayores diferencias entre sus nichos (evitaban más la competencia y dedicaban más energía a la reproducción). Es por ello que en la actualidad observamos en las comunidades una gran cantidad de mecanismos de segregación del nicho.

Mecanismos de segregación del nicho son por ejemplo la segregación espacial entre especies como ocurre entre las ratas en las ciudades: la rata negra (*Rattus rattus*) vive en las partes altas, casas, edificios, mientras que la rata gris (*Rattus norvegicus*) vive en alcantarillas, cuevas, etc. De esa forma se evita la competencia, hay segregación espacial. Pero la segregación también puede ser temporal como sucede con los murciélagos en la emersión de sus refugios: cada especie tiene un horario de emerger determinado, tan exacto que a veces se puede determinar la especie por la hora en que sale de la cueva. De esta forma se garantiza que no se congestione la entrada de la cueva y que no halla competencia por los insectos (la mayoría de nuestros murciélagos son insectívoros) una vez fuera. Ellos también tiene mecanismos de segregación espacial para ello, algunos forrajean en espacios abiertos sobre el dosel de la vegetación, otros entre el follaje, otros capturan insectos posados, otros vuelan a poca altura sobre el suelo, etc. La segregación del nicho puede haberse logrado evolutivamente por diferencias morfológicas que les permitan una explotación de diferentes micro hábitat como sucede por ejemplo en las aves acuáticas sondeadoras, en las que las longitudes de los picos y de las patas les determinan la profundidad del agua a la cual forrajean con mayor eficiencia, y de ese modo se evita la competencia. Existe incluso segregación acústica entre los cantos de los anfibios donde cada especie utiliza una franja del espectro acústico accesible para comunicarse sin interferencia con otras especies, etc.

Finalmente, queremos hacer referencia al desplazamiento de caracteres. El desplazamiento de caracteres es un fenómeno que aparece cuando dos poblaciones de especies estrechamente emparentadas coexisten en simpatría. (Se denominan simpátricas aquellas especies cuyas áreas de distribución se superponen, el opuesto es alopátricas). Este fenómeno consiste en la acentuación de las diferencias entre estas especies cuando viven juntas que cuando viven alejadas, al actuar una selección positiva a favor de la diferencia cuando hay presión de competencia. Por ejemplo los pinzones de Darwin (Krebs) en las Galápagos, los picoteros (Odum).

La relación interespecífica más conocida en segundo lugar es la **depredación**. La depredación es una relación +/- que *aparece cuando una especie utiliza a otra como recurso*. Dicho de manera exacta la depredación es el consumo de un organismo completo (presa) o en parte (hospedero) por otro organismo (depredador o parásito), estando la presa viva al principio (para excluir al detritivorismo, descomponedores y carroñeros estrictos). Visto de esta manera se comprende que el término depredador es muy amplio e incluye una variedad de manifestaciones. Hay dos formas fundamentales de clasificar a los depredadores, la más antigua (taxonómica) que los separa en carnívoros y herbívoros, y la que nosotros preferimos que, desde un punto de vista funcional, los divide en 4 tipos fundamentales:

Depredadores verdaderos

Depredadores   Ramoneadores

Parasitoides

Parásitos

Vean como todos los casos comparten un **principio común**: *en todos, una especie consumidora se alimenta de la materia orgánica del cuerpo de otra especie que se encuentra un eslabón más bajo de la cadena trófica*. Las diferencias radican en el todo y la parte y en el momento en que ocurre la acción.

Depredadores verdaderos son aquellos que matan sus presas de modo más o menos inmediato, y en el transcurso de su vida matan varios o muchos individuos-presa. Los clásicos depredadores verdaderos son los grandes carnívoros: león, tigre, jaguar, águilas, mantis, platas carnívoras, las aves e insectos granívoros (la semilla es un individuo vegetal embrionario), etc. En relación con la amplitud del subnicho trófico los depredadores pueden considerarse Monófagos (un solo tipo de presas), Oligófagos (unos pocos tipos de presas) o Polífagos (muchos tipos de presas), según sean consumidores especialistas o generalistas, cada una de estas estrategias tiene sus ventajas y desventajas. Los estudios de la dieta de depredadores son pilares básicos dentro de la autoecología.

Ramoneadores: son aquellos que atacan un gran número de individuos a lo largo de su vida pero que toman solo una parte de cada uno, teniendo un efecto nocivo sobre ellos, pero no letal a corto plazo ni predeciblemente.

Entre lo ejemplo más obvios de los ramoneadores están los herbívoros como las ovejas, las vacas, los peces Barberos, etc., pero según esta definición también son ramoneadores los ectoparásitos: mosquitos, sanguijuelas, etc. Esto puede traer confusiones dada la semejanza funcional entre los parásitos y estos últimos ramoneadores.

Los **parásitos** también consumen una parte de sus presas y sus ataques no son nocivos a largo plazo, la diferencia está en que ellos se concentran en uno o muy pocos individuos en toda su vida, existiendo por lo tanto de forma estricta una íntima asociación entre los parásitos y sus hospederos, cosa que no sucede así con los ramoneadores. La mayoría de los parásitos son bien conocidos., aquí tenemos las tenias, duelas, lombrices intestinales, etc., pero también hay muchos parásitos herbívoros menos conocidos, como áfidos, nemátodos, orugas, etc. Entre los parásitos es conveniente separar dos grandes grupos: los **micros parásitos** y los **macroparásitos**. Micro parásitos son aquellos que se multiplican directamente dentro de sus hospederos (habitualmente dentro de las células del mismo) y se dispersan trasmitiéndose directamente de hospedero a hospedero o por medio de un vector, mientras que los macroparásitos son aquellos que crecen en el interior de otros organismos pero que se multiplican produciendo fases infectivas que salen fuera del hospedero para infectar a otros individuos, estos generalmente viven en las cavidades interiores de los organismos, y no dentro de las células. La ecología de los parásitos es un campo abierto de investigación muy interesante, la diferencia fundamental ecológica entre los parásitos y los organismos de vida libre es que en aquellos el hábitat es a su vez un ser vivo. O sea es un hábitat que potencialmente crece, se reproduce y puede responder activamente a la presencia de un parásito. Los parásitos son variables en cuanto a la intimidad con que se relacionan con los hospederos: en un extremo están los ectoparásitos (por ejemplo: garrapatas, piojos, pulgas, pulgones), intermedios son los que viven en cavidades del cuerpo: pulmones, tracto digestivo, genitales internos, y por último están los parásitos intracelulares mucho más especializados. De ahí lo impreciso de los límites entre ramoneadores y ectoparásitos.

Muchos parásitos se han especializado a producir a la larga la muerte del hospedero, y utilizar entonces los recursos del cuerpo muerto, son los **parásitos necrotróficos**, mientras que para la mayoría la muerte del hospedero significa el final de su vida activa (**parásitos biotróficos**). Los necrotróficos son considerados detritivoros prioneros, es decir, detritívoros que tienen ventajas sobre sus competidores por colonizar su alimento aun antes de que muera. Es interesante como un fenómeno ajeno puede tener funcionalmente los mismos efectos que esta relación interespecífica. Así sucede con el mimetismo Batesiano, que puede considerarse un parasitismo indirecto ya que la presencia de un mimo en una comunidad hace disminuir las posibilidades de crecimiento y supervivencia del modelo aposemático al afectar la efectividad de este mecanismo defensivo.

Finalmente están los **parasitoides** que comprenden un grupo pequeño de insectos, fundamentalmente himenópteros, que comienzan su vida como parásitos pero al desarrollarse matan al hospedero y se comportan como depredadores verdaderos. Las avispas de la familia Ichneumonidae son el ejemplo clásico ya que ponen sus huevos dentro de las arañas peludas o migalomorfas. Los parasitoides fueron separados en un grupo particular ya que están asociados a un único hospedero como los parásitos, generalmente no producen la muerte inmediata, como en estos últimos y los ramoneadores, pero el desenlace fatal es inevitable con el tiempo, como ocurre en el caso de los depredadores.

Puede parecer que los parasitoides constituyen un grupo extraño, de escasa importancia, sin embargo se ha calculado que alrededor de un 25 % de las especies vivas de animales pertenecen a esta categoría, y no deben asombrarse ya que los insectos son una proporción enorme de los seres vivos, y la mayoría de ellos tiene al menos un parasitoide específico.

La *depredación en general es un proceso ecológico de suma importancia* y uno de los principales de la Ecología ya que **determina la ruta de los flujos de energía dentro de los ecosistemas y es la fuente principal de mortalidad denso dependiente de las poblaciones**. La depredación no siempre tiene efecto negativo y el caso más notable de está en el herbivorismo.

El ramoneo de los depredadores sobre las hierbas tiene una gran gama de efectos que depende de factores variados, tales como el número de hojas mordisqueadas, la savia succionada, las galerías formadas entre hojas y ramas, daños a las hojas, estado de desarrollo de la planta. El principal efecto que se produce en una planta ramoneada es el de la **compensación de los efectos**. Así por ejemplo se produce una redistribución de los carbohidratos de reserva hacia las zonas afectadas, puede producirse un aumento en la tasa fotosintética (TFU: Tasa por unidad foliar) y cambian los circuitos de redistribución de fotosintatos.

También existe un **crecimiento compensador**, yemas que anteriormente permanecían latentes comienzan su desarrollo. Igualmente si son afectados frutos o vainas de semillas, las restantes producen un crecimiento compensatorio.

A pesar de todo esto el ramoneo afecta la planta ya que la compensación nunca es perfecta. En ocasiones se producen **efectos desproporcionados**, cuando el nivel de daño es pequeño pero afecta lugares vitales que comprometen la compensación, como por ejemplo, muchas babosas destruyen cultivos completos ramoneando al roer únicamente los meristemos apicales de las plántulas, o el descortezado anula de los troncos que producen las cabras, jabalíes, ardillas, conejos, etc. y que desgarran el sistema floemático interrumpiendo la conexión raíz - hojas. También pueden actuar los ramoneadores como vectores de fitopatógenos, o puede tener efectos graves al actuar sobre poblaciones sometidas a una intensa competencia determinando el balance final de la dominancia.

Por supuesto que ante el ramoneo, como ante las demás formas de competición se han desarrollado evolutivamente **adaptaciones defensivas**. En las plantas las respuestas de defensa más típicas son las químicas, aunque también hay defensas físicas.

Las plantas más resistentes al ramoneo son las gramíneas, donde el meristemo se encuentra casi al nivel del suelo, entre las vainas foliares y por ello este punto principal de crecimiento queda protegido de los herbívoros.

Como caso curioso, muchas veces la depredación de semillas no es perjudicial sino que evolutivamente las plantas se adaptaron a aprovecharla como un medio importante para su diseminación. El árbol *Calvaria major* de la isla Mauricio hacía cerca de 300 años que no experimentaba reclutamiento en sus poblaciones porque sus semillas necesitaban ser "digeridas" o procesadas por el estómago de los Dodos, ya extintos (coevolución). Temple (1977) dio a comer 17 semillas de este árbol a unos pavos domésticos, y aunque 7 semillas quedaron trituradas por la fuerza muscular de la molleja de estos, tres germinaron al ser plantados, siendo estas las primeras tres plántulas que se logran de esta especie en los últimos 300 años.

Los **efectos de la depredación** sobre las poblaciones de presas no son siempre nocivos y por el contrario muchas veces tienen implicaciones positivas ya que:

1- los individuos matados no son una muestra aleatoria de la población, ya que los individuos con mayores probabilidades de ser víctimas son los jóvenes, enfermos, viejos, los que carecen de territorio establecido, en fin, los que tienen menores aptitudes reproductivas.
2- Los individuos restantes que escapan a la acción de la depredación exhiben a menudo reacciones que compensan las pérdidas y que suelen deberse en los animales a la disminución de la competencia intraespecífica.

Ejemplos del efecto positivo que ejerce la depredación sobre las poblaciones animales son numerosos. Uno de ellos se observó en los ciervos de Kaibalo, Arizona. En 1907 existían alrededor de 5000 ciervos, cuando se abrió la licencia para la caza de pumas y coyotes. Hacia 1918 los ciervos habían aumentado más de 10 veces y en 1924 llegaban a más de 100.000 comenzaron a aparecer signos evidentes de sobre pastoreo y en los dos inviernos siguientes se produjo la muerte del 60% de la población.

Sin embargo también se puede presentar la situación contraria dada por el **efecto Allee**, que no es más que la disminución desproporcionada del reclutamiento en una población cuando el número de efectivos poblacionales rebasa un cierto mínimo, a partir del cual la población es incapaz de recobrarse y se extingue. Este efecto a nivel de especies en peligro se manifiesta en la existencia del llamado **vórtice de extinción**: nivel a partir del cual la manifestación del efecto Allee conduce irremediablemente a la desaparición de la especie independientemente de las medidas conservacionistas que puedan tomarse para tratar de rescatar a los sobrevivientes.

Ya habíamos visto algunas de las **adaptaciones** que ante los depredadores presentan los animales y plantas. Sin embargo existen muchas otras adaptaciones para enfrentar las relaciones de depredación. Veamos algunos de ellos.

Los mecanismos defensivos más comunes en los animales son los conductuales y dentro de ellos la huida. La **huida** reduce las probabilidades de que un animal acabe convirtiéndose en un recurso alimentario. Este mecanismo cuesta energía y de modo inevitable existe uno o más depredadores que pueden vencer esta defensa. El mecanismo de huida es muy frecuente en los herbívoros de sabanas que pueden avistar a los depredadores desde gran distancia.

Además de la huida existen otros mecanismos conductuales de defensa, como son:

- El ocultamiento: animales como las ardillas, conejos, perritos de praderas, cangrejos, etc. al detectar un posible depredador se refugian en cuevas o madrigueras. Los moluscos se recogen dentro de sus conchas.
- La conducta de hacerse el muerto: muchas aves, zarigüeyas, escarabajos, saltamontes, ardillas, etc. se hacen los muertos con lo cual logran que no se desencadene el reflejo de matar de sus depredadores, que usualmente no se alimentan de animales muertos.

- Viviendo en lugares inaccesibles (por ejemplo, bajo tierra, como el topo, lombrices, insectos, etc.) evitan estimular a los depredadores.
- Adoptando posiciones que protejan a sus partes más vulnerables, exponiendo a la vez sus estructuras más resistentes o agresivas, como es el caso de las cochinillas, erizos, armadillos, pangolines, tortugas, etc.
- Desplegando conductas agresivas o haciendo despliegues de amenaza: así hacen muchas aves que erizan sus plumas, los lagartos dracos cuando despliegan sus costillas, o las respuestas de amenaza de las polillas con coloración de "spot" o Flash (muestran súbitamente manchas brillantes ocultas), etc.

Estas defensas conductuales no le están accesibles a las plantas que utilizan mucho más frecuentemente mecanismos físicos o químicos para defenderse. El mecanismo más conocido de defensa en las plantas son las **espinas**. Las espinas generalmente tienen gran poder de disuasión ante los herbívoros, aunque algunos como la jirafa han desarrollado evolutivamente paladares duros para sortear esta defensa. En ocasiones basta la presencia de depredadores para inducir la aparición de espinas defensivas, como sucede con los rotíferos planctonicos *Keratella* o algunas especies de *Daphnia* (Cladocera: pulgas de agua).

Todo rasgo del tipo de vida de un organismo que aumente la energía que gasta un consumidor en descubrirlo, capturarlo o ingerirlo, es un mecanismo defensivo si a consecuencia de ello el consumidor hace menor uso de estos como alimento. Las gruesas cáscaras de las nueces y cocos, o los conos de los pinos hacen aumentar el tiempo que demoran los animales para consumirlos, por lo que son considerados mecanismos defensivos. Las plantas no gastan energía en huir, pero la invierten en crear tejidos poco nutricios de protección en frutos y semillas. Esta estrategia es la misma de los bivalvos, ya que sus conchas los protegen contra muchos de sus potenciales enemigos.

Pero siempre hay depredadores que desarrollan estrategias que contrarrestan estas defensas: las nutrias rompen las almejas con piedras, los *Conus* barrenan las conchas con sus rádulas, las nueces son roídas por las ardillas, etc.

Estas características defensivas pueden ser utilizadas en la vida diaria: podemos deducir que determinados frutos o semillas con gruesas cáscaras o paredes duras, tienen pocas probabilidades de ser venenosas, ya que generalmente no se combinan ambas formas defensivas.

Muchas plantas utilizan **defensas químicas** para evitar la depredación, en forma de compuestos tóxicos o venenosos. Estos compuestos químicos aparentemente no desempeñan ningún papel en las vías metabólicas normales de la planta sino son subproductos secundarios que se acumulan, por ejemplo: acido oxálico, cianuro, glucósidos alcaloides, terpenoides, saponinas, taninos complejos, etc. El trébol blanco libera cianuro de hidrogeno cuando sus tejidos son dañados. Estos compuestos químicos actúan de dos maneras: pueden ser tóxicos o venenosos, o pueden reducir la digestibilidad o influir sobre los procesos digestivos de los consumidores. De esta forma se defienden tanto de depredadores como de parásitos.

No solo las plantas presentan defensas químicas sino también muchos animales. Los moluscos del genero *Cypraea* secretan ácido sulfúrico con pH de 1 o 2, por glándulas especiales (posiblemente salivares modificadas). Un caso curioso es el del escarabajo bombardero (*Brachinus crepitans*) que posee en su abdomen un depósito de hidroquinona y peroxido de hidrogeno. Ante una amenaza el insecto expele estos compuestos hacia una cámara de explosión donde reaccionan por la acción de una peroxidasa que permite la oxidación de la hidroquinona a quinona, compuesto toxico, y liberándose oxigeno que con su presión hace que el líquido venenoso se atomice sobre el enemigo.

Un mecanismo similar es el de las mofetas, cuyo líquido no es venenoso como tal pero tiene un olor tan penetrante y fuerte que literalmente puede asfixiar a quien reciba la descarga.

Otros animales durante la evolución han coevolucionado con plantas con defensas químicas y se han adaptado a acumular estos compuestos para su propia defensa, como es el caso de las orugas de la mariposa monarca con la plantas del genero *Asclepias*. Estas plantas contienen compuestos químicos secundarios, glucósidos cardiacos, que afectan los latidos del corazón bloqueando determinados canales iónicos, y por lo tanto venenosos para aves y mamíferos. Un ave inexperta vomitara violentamente a los 12 minutos de comer una oruga de Monarca, y aprenderá a rechazar a todas las orugas semejantes (tienen coloración aposemática).

La coevolución también puede ser en otro sentido: las moscas de la col han evolucionado para aprovechar y utilizar el olor de las coles de que se alimenta para detectarlas, y precisamente el olor que las atrae es el de los glucosinolatos hidrolizados que son tóxicos para el resto de los depredadores.

Como un tipo particular de relación +/- están la **antibiosis** y la **alelopatía**. La antibiosis es un tipo de relación común entre bacterias, pero también aparece entre plantas donde se conoce como alelopatía. En si el fenómeno consiste en la liberación al medio de compuestos químicos tóxicos para otras especies y no para la propia. En el caso de las bacterias esta emisión tiene como función limitar el intercambio genético relativamente promiscuo entre microorganismos, ya que las bacterias tienen como uno de sus mecanismos fundamentales de "sexualidad" el intercambio de plásmidos o moléculas circulares de DNA que son liberadas al medio activamente y absorbidas a través de la pared celular, sin limites entre especies, es decir un mismo plásmido puede ser transformado en varias especies microbianas. Este intercambio daría lugar a una homogeneización genética si no se limitara de alguna forma, y uno de estos mecanismos limitantes es la producción de antibióticos que aseguren que solo individuos de la misma especie o portadores del mismo plásmido existan en la vecindad. Es por este papel biológico de la producción de antibióticos que muchos autores no incluyen a la antibiosis dentro de las relaciones interespecíficas. Sin embargo en muchos hongos y plantas superiores existe un proceso análogo no relacionado con la genética, que es la alelopatía, considerada por algunos autores como una manifestación de un antagonismo mutuo. Si bien no está claro en muchos casos el papel biológico de estos compuestos, en otros se ha demostrado que tiene un papel ecológico importante en las comunidades vegetales.

En 1974 Muller y colaboradores explicaron el papel de la alelopatía en el desarrollo de las comunidades de los charrascales californianos. En estas comunidades dos especies dominantes de arbustos producían terpenos volátiles, cineola y alcanfor, que se acumulaban en el suelo con las hojas durante la estación de seca. Así en la época de lluvias se impedía la germinación de otras semillas del suelo, y solo se desarrollaban las de estos arbustos. Sin embargo, cada vez que sucedían los fuegos periódicos que caracterizan estos ecosistemas, el calor eliminaba los arbustos y degradaba las toxinas en el suelo por lo que la estación lluviosa era seguida por una explosión de diversidad de plantas cuyas semillas habían estado latentes. Así sucedía por varias estaciones hasta que la población de los arbustos se recuperaba y los niveles de toxinas en el suelo alcanzaban una concentración restrictiva para las otras especies repitiéndose el ciclo.

Algunos autores incluían dentro de la antibiosis, las formas especiales en las que el efecto negativo que se ejercía sobre una especie no reportaba beneficio aparente sobre otra especie. Sin embargo esta relación particular es la denominada **amensalismo**, y es relativamente escasa. Una relación de amensalismo ocurre por ejemplo entre los árboles y las hierbas que se afectan por la sombra. No existe competencia evidente entre unos y otros por lo que el efecto restrictivo de la sombra no representa beneficio para los árboles, aunque indirectamente tal vez pueda encontrarse alguno, por tanto esta es una relación 0/-.

Hasta aquí hemos estudiado las relaciones interespecíficas de carácter antagónico. Hemos visto las características generales de la depredación en sus cuatro formas: verdadera, ramoneo, parasitismo y parasitoide. Estudiamos la competencia y su papel en la regulación comunitaria, y la forma especial de amensalismo.

3.1.5.3. Relaciones no antagónicas. Amensalismo, Comensalismo, Mutualismo, Simbiosis

Una vez concluido el estudio de las relaciones antagónicas continuaremos pues, viendo los otros tipos de relaciones interespecificas: las relaciones no antagónicas.

Recordemos que se consideran relaciones no antagónicas aquellas en las cuales ninguna de las especies interactuantes ve deprimida sus capacidades o posibilidades de supervivencia, crecimiento o reproducción. Estas son las relaciones identificadas por la combinaciones de signos: 0/0; +/0; y +/+.

0/0 – Neutralismo

0/+- Comensalismo

+/+ - Simbiosis, mutualismo o cooperación.

En relación con las relaciones no antagónicas la variabilidad en las formas de clasificación y nomenclatura es mucho mayor que entre las antagónicas. Esta variabilidad aparece a causa de que en estas relaciones más que en las otras, aparece una continuidad en forma de una línea evolutiva que va desde el neutralismo a la endosimbiosis obligada mas estrecha, y como fenómeno continuo los intentos de clasificarla en segmentos discretos tropiezan continuamente con las excepciones intermedias.

En nuestro caso seguiremos una clasificación arbitraria que divide estas interacciones en dos grupos; **comensalismo**: cuando un organismo es beneficiado unilateralmente de la interacción con otras especies, y **mutualismos**: a todos los casos en que las dos especies salen beneficiadas (algunos autores igualan este término a la Cooperación) y le dicen mutualismo a la simbiosis o viceversa). Estos últimos a su vez se dividen en **facultativos** u **obligatorios**. El termino de **simbiosis** lo utilizaremos para referirnos al mutualismo obligado, aunque la palabra etimológicamente se refiere a todos los tipos de relaciones no antagónicas menos la neutral (sim: juntos; biosis: vida; vivir-juntos). Ciertos autores igualan los términos simbiosis = mutualismo, mientras que otros igualan cooperación = mutualismo. Nuestro criterio, repetimos, es el de que tanto la cooperación como la simbiosis (en el sentido que mencionamos antes), son ambos **fenómenos mutualistas**.

Neutralismo

Comensalismo

Relaciones no antagónicas

Mutualismos   Cooperación

Simbiosis

Durante mucho tiempo se solía quitar importancia a las relaciones mutualistas, sin embargo es un fenómeno extraordinariamente difundido, dependiendo una porción significativa de la biomasa mundial de este tipo de relación. A pesar de esto los mutualismos rara vez han sido objeto de estudios ecológicos ni de las modelaciones que han caracterizado el estudio de las interacciones competitivas, sino que sus estudios se han enfocado más bien a la biología general de la relación, fisiología, morfología o conducta de los mutualistas.

La serie evolutiva de las relaciones no antagónicas es la siguiente:

Neutralismo   - no hay relación entre las especies

Comensalismo   una especie ya comienza a beneficiarse de la coexistencia con otra.

Cooperación   - dos especies se benefician mutuamente de la coexistencia, pero esta es facultativa, lo mismo se ven poblaciones simpátricas que separadas.

Simbiosis   - Ambas especies han coevolucionado a partir del beneficio mutuo, hasta hacerse mutuamente dependientes (relación obligada).

Comenzaremos mencionando brevemente las relaciones neutrales, o **neutralismo**. Esta relación equivale al cero matemático, es decir, la ausencia de relación. Aparece entre dos especies coexistentes que no ejercen ningún efecto una sobre otras. Aunque parezca contradictorio es una relación muy difícil de encontrar, y algunos autores ni siquiera creen que exista ya que si las especies coexisten, casi siempre ejercen algún efecto directo o indirecto sobre la otra.

Las **relaciones comensales** son aquellas en las que ambas especies se benefician de alguna forma con la coexistencia pero no dependen de ella, y existen tanto poblaciones conjuntas, como disjuntas. Las relaciones comensales son extraordinariamente abundantes, son muy comunes entre plantas y animales sésiles por una parte y organismos móviles por la otra. En el mar, prácticamente todo túnel de gusano, toda concha o toda esponja contiene numerosos huéspedes no invitados, que se refugian en estos lugares beneficiándose con la protección, pero sin que el hospedero sea beneficiado ni perjudicado. Complejas comunidades de comensales se desarrollan en el interior de los atrios de las esponjas, en el interior de los estómagos de los vertebrados y de muchos invertebrados. Delicados crustáceos, cangrejos del género *Pinnotheres* viven en la cavidad branquial de lamelibranchios (mejillones), y a ello se han adaptado ya que no presentan deposiciones calcáreas en el caparazón. El clásico caso de las esponjas y algas que se ubican o son ubicadas sobre el caparazón de los cangrejos, entre las que se dan casos tanto de comensalismo (las algas ni las esponjas reciben beneficio evidente ya que en ocasiones el simple traslado no representa ventaja para un organismo adaptado al sesilismo), llegando al mutualismo e incluso a la simbiosis.

Estas relaciones pueden observarse entre organismos que prácticamente no muestran ninguna adaptación a la relación en particular y pueden utilizar muchos hospederos sin especificidad, hasta los que han desarrollado evolutivamente adaptaciones a la relación y tiene hospederos más o menos específicos. En algunas plantas carnívoras en forma de odre relleno de líquidos digestivos viven muchos nematodos y larvas de dípteros que se han adaptado a resistir estas enzimas y se alimentan de restos de las presas de las plantas.

En los nidos de las aves existe una fauna nidícola asociada (comensales), generalmente coprófagos o saprófagos, al igual que en las madrigueras de mamíferos. En un solo nido de cigüeña se pueden encontrar más de 90 especies de coleópteros.

Entre comensales y parásitos puede existir muy poca diferencia: por ejemplo muchos piojos de vertebrados y aves viven de las descamaciones de la piel mientras que otras especies muy relacionadas han evolucionado a picar.

De esta relación a la mutualista también hay apenas un paso, dado por alguna ventaja mínima que pueda recibir el hospedero o receptor.

Las relaciones mutualistas pueden incluir:

- Relaciones de protección: Ej.: los organismos que se refugian en otros u obtienen ventajas defensivas de otro. Por ejemplo, el camarón *Alpheus* (ciego) y el pez Gobio (*Cryptocentrus*) que comparten su escondite. El pez payaso (*Amphiprion*) y las anémonas marinas (*Physobranchia radiantus*); el pez vive entre los tentáculos de la anémona ya que su cuerpo está cubierto de el mismo mucilago que secreta la anémona para protegerse de autodescargas de los nematocitos. Así se protege de sus depredadores y puede proteger a la anémona de otros peces, a la vez que comparten alimentos. El cangrejo cargando las anémonas se beneficia por la protección de sus tentáculos y aquella por la movilidad y residuos de comida.

- Relaciones de limpieza: existen unas 45 especies de peces limpiadores y 6 langostinos, que se alimentan de ectoparásitos, bacterias y tejidos necróticos superficiales de otros peces. Se sabe que son especies territoriales y que los peces necesitados van hacia estos territorios voluntariamente. Tanto los limpiadores como los clientes tienen pautas conductuales que les permiten auto reconocerse. En un experimento realizado en las Bahamas, la eliminación de los limpiadores condujo a una drástica disminución en las densidades de los peces por aumento en las enfermedades cutáneas. Entre la acacia con cuernos y las hormigas también hay una relación de este tipo. La acacia tiene espinas huecas dentro de las cuales las hormigas hacen sus nidos, y en sus hojas tienen nectarios extraflorales para alimentarlas. Las hormigas a su vez, cortan los brotes extraños que penetran entre el follaje de la acacia y la protegen contra los herbívoros. Este es un caso de mutualismo con alta especialización, casi llegando a la simbiosis

- Relaciones de pastoreo: son aquellas en las que una especie protege o cuida a la otra para utilizar un producto de la misma. El ejemplo más evidente y clásico es el de las hormigas que cuidan pulgones de sus depredadores, y a su vez utilizan las gotas azucaradas que los pulgones liberan cuando son tanteados con las antenas. Un ejemplo más universal aunque poco notado generalmente es la relación del mismo hombre con las especies de plantas de cultivo y animales domésticos. Imaginen que sucedería a las plantas de arroz (*Oriza sativa*) si desapareciese el hombre (y viceversa). Las orugas de la mariposa de lunares *Lycaenia avio* tienen una relación mutualista de este tipo, en la que las hormigas mantienen protegidas a las orugas en sus hormigueros mientras estas secretan gotas de miel que alimentan a las hormigas. Las hormigas también defienden y pastorean homópteros, cultivan hongos en sus hormigueros con trozos de hojas. Los hongos son beneficiados por la protección y por la dispersión asegurada ya que las reinas cuando van a fundar nuevos hormigueros se llevan bolsas de esporas. Los casos extremos son denominados ilotismo, que es cuando una especie "esclaviza" a la otra.

- Relaciones de polinización: son las que se dan entre los animales que se alimentan de polen o néctar y las plantas con flores. De hecho, grandes ramas del reino vegetal (plantas superiores) han evolucionado hacia la polinización por animales: zunzunes y colibríes, murciélagos, pequeños mamíferos y marsupiales, etc. El ejemplo más simple de relaciones de polinización es cuando una planta ofrece abundantes recursos de polen o néctar para atraer a cualquier especie que se alimente de ello y contribuya a la polinización. Luego hay toda una secuencia de especialización que generalmente se manifiesta en forma de restricciones al tipo de especie que puede acceder a los órganos florales. Son conocidos los casos extremos de especialización que aparecen en las orquídeas, coevolutivamente ligadas a polinizadores específicos. Clásico es el ejemplo de las estructuras florales que mimetizan hembras de avispas (Ichneumonidae), cuyos machos son atraídos y al seudo-copular con ellas realizan la transferencia del polen. Esta relación es tan estrecha que ya las plantas dependen de esta relación para reproducirse, o sea, casi es una simbiosis. Hay otros mecanismos de mutualismo especializado que no han involucrado procesos de coevolución, como sucede con el caso de las plantas del género *Asclepias* cuyas especies son polinizadas por un mismo abejorro, pero la estructura de la flor es tal que el polen es transportado por distintas partes del cuerpo del insecto, de modo que las estructuras florales se han especializado, pero no el abejorro.

- Mutualismos intestinales: en la mayoría de los animales el intestino es un microcosmos, ya que representa un espacio o un hábitat con características microclimáticas muy particulares donde se desarrollan complejas comunidades de microorganismos. En muchos, sino la mayoría de los herbívoros, la microflora intestinal desempeña un papel vital en la digestión de la celulosa y en la síntesis de vitaminas. El caso más estudiado de ello es el ecosistema del rumen, en el cual el 20% del volumen es biomasa bacteriana viva, una buena parte de la cuales son comensales, mutualistas, y otros simbiontes. En el intestino de los termes ocurren dos procesos de mutualismo muy interesantes: muchos de los protozoos presentes en ellos (simbiontes), que se creían ciliados, no son más que asociaciones mutualistas de protoctistas y espiroquetas (Bacterias). Los protozoos brindan nutrientes a las bacterias adheridas a su superficie y en cambio reciben transporte. Además las bacterias del intestino de los termes también son capaces de fijar nitrógeno atmosférico. Existen casos en que las bacterias intestinales producen algunas vitaminas como parte de su metabolismo, las cuales en periodos críticos son aprovechados por los organismos que han desarrollado la **coprofagia** como es el caso del conejo, que se alimenta de sus propias heces para aprovechar estos compuestos producidos por su flora intestinal.

- Micorrizas: la gran mayoría de las plantas no tienen raíces, tienen micorrizas, que no son más que asociaciones mutualistas – simbiontes entre las plantas y hongos. A excepción de unas pocas familias como las crucíferas, el resto de hongos, helechos, ginmospermas y angiospermas, tienen tejidos entremezclados de forma más o menos intima con micelios fúngicos (simbiosis). Existen varios tipos de micorrizas: ectomicorrizas o formas de revestimiento, arbusculares vesiculares, etc.

- Mutualismo – simbiosis entre algas y hongos (Líquenes): los líquenes no son más que hongos recubiertos por una capa de células de algas que realizan la fotosíntesis. De las 70.000 especies conocidas de hongos, el 25% están liquenizadas, siendo las células algicas del 3-10% del peso. Esta asociación parece haber surgido varias veces en la evolución ya que la liquenización extiende enormemente las posibilidades ecológicas de los hongos, no solo en cuestión de sustrato (superficies de troncos, rocas), sino también en cuanto a clima que pueden soportar (desiertos áridos, zonas heladas). De las 27 especies de algas reconocidas dentro de los líquenes, a algunas no se les conocen la forma libre, mientras que otras pueden vivir independientemente.

- Simbiosis entre algas y animales: las algas pueden encontrarse en el interior de tejidos animales. Así sucede por ejemplo en las hidras, en cuyos tejidos viven células de *Chlorella* endosimbiontes. Las hidras pueden ser cultivadas sin algas, pero estas no han podido cultivarse independientes. Cuando una suspensión de algas se inyecta en un cultivo de hidras las células de vida libre de *Chlorella* son tratadas como partículas de alimento, pero las aisladas de otra hidra son retenidas, secuestradas en vacuolas individuales que emigran a localizaciones específicas en la base de las células digestivas. En estas condiciones la hidra recibe productos de carbono y cerca del 50-100% de oxígeno. Pero también puede utilizar alimento orgánico, y en condiciones de falta de luz, mantiene vivas las algas por unos 6 meses. Otro caso espectacular y muy importante de endosimbiosis entre un alga y un animal se da en los corales hermatípicos o formadores de arrecifes. Estos poseen *Zooxanthelas* simbiontes que no solo proporcionan alimentos al coral sino que con su actividad producen, como efecto secundario, la precipitación del carbonato de calcio, permitiendo así la formación de la estructura coralina. De esta relación depende todo el ecosistema coralino, ya que sin sus simbiontes las algas no pueden sobrevivir y de hecho los límites de distribución de estas dependen estrechamente de los requerimientos ecológicos de las algas.

- Simbiosis de fijadores de nitrógeno: el proceso de fijación biológica del nitrógeno depende casi totalmente de procesos de simbiosis. Gracias al mutualismo de *Rhizobium* y las leguminosas (nódulos de las raíces) es uno de los pasos fundamentales del ciclo del nitrógeno.

Por último, estudiaremos una de las teorías más fascinantes relacionadas con la evolución y las relaciones ínter específicas, que es la evolución de las estructuras subcelulares a partir de simbiosis.

El desarrollo de la línea evolutiva de la relación neutra a la comensal a la simbiosis extrema, al parecer no quedó ahí durante la evolución, sino que en un momento alcanzó un nivel tal que se fusionaron organismos simbiontes para producir un salto en la evolución de la vida. Actualmente se considera que algunas de las estructuras subcelulares más importantes que caracterizan la célula eucariótica surgieron por un proceso de simbiosis altamente especializado. Particularmente las evidencias son muy fuertes las evidencias a favor de un origen de este tipo para las mitocondrias y los cloroplastos. Ambos orgánulos tienen características muy peculiares entre las estructuras subcelulares. Ambos son semiautónomos, es decir poseen un equipo genético propio, sintetizan sus propias proteínas, y tiene rasgos morfológicos que los asemejan a organismos independientes. Esta se conoce como **teoría de la endosimbiosis serial de la evolución de la célula eucarióta** y fue desarrollada por Margulis en 1975. Según esta, el primer paso del origen de los eucariontes a partir de los procariontes se produjo cuando un anaerobio fermentativo fue invadido por una bacteria que contenía el ciclo de Krebs (promitocondria)… dando lugar a los ameboides con mitocondrias de los que derivaron todos los demás eucariotas. A su vez estos adquirieron espiroquetas o bacterias móviles que se adherían a su superficie y que evolucionaron hasta formar los cuerpos basales de los flagelos y cilios (ya habíamos mencionado que los "flagelados" del intestino de los termes son realmente protozoos con espiroquetas en su superficie).

Luego a partir de este organismo primitivo, en una etapa posterior un grupo de ellos por ingestión y endosimbiosis de algas verdeazules produciría la célula eucariota autótrofa que daría lugar a todo el reino vegetal.

Esta teoría es evidentemente muy imaginativa y tiene muchos detractores, pero parece ser cierta. De hecho, actualmente existen algunos organismos que presentan características muy semejantes a las que debió tener la promitocondria.

Vean como el estudio de los mutualismos ha sido muy descuidado por los ecólogos, de modo que ni siquiera existen modelaciones exhaustivas de su comportamiento como ocurre con la competencia o las depredaciones. Esto parece estar dado porque el estudio de los mutualismos ha sido hasta ahora empírico y teñido de "naturalismo", que los hacen parecer habladurías en las que cada organismo representa una pieza de la "perfección evolutiva".

3.2 *Introducción al estudio de las comunidades*

3.2.1. Comunidades o biocenosis. Conceptos.

Las comunidades conforman un nivel extraordinariamente complejo, por la gran cantidad de información que presentan en su estructuración. De hecho la propia definición de comunidad es muy compleja y presenta un debate actual fuerte: algunos investigadores llegan a considerar que las comunidades son abstracciones humanas, no existen, sino que lo único que objetivamente existe son amontonamientos de especies en un área al responder a factores ambientales comunes pero sin que la agrupación dependa de interacciones entre ellas. La complejidad se incrementa con la incertidumbre espacio temporal de sus límites ya que las comunidades no son exactamente delimitables (menos aun que las poblaciones), sino que se transforman gradualmente unas en otras, siendo *sistemas abiertos* con flujos continuos de entrada y salida de materiales, organismos y energía. Además tampoco son delimitables en el tiempo porque están en un continuo proceso de cambio sucesional.

3.2.2. Características de las comunidades. Predominio ecológico. Delimitación, aspecto espacial.

Sin embargo, el hecho real es que existen una serie de *características de las agrupaciones multiespecificas* que no se habían presentado en los niveles inferiores de organización: las comunidades presentan una **estructura trófica**, **tasas de fijación de energía** y **tasas de flujo de energía**, **estabilidad**, **riqueza de especies**, **diversidad**, **distribución de importancia relativa** entre las especies, **estructuras en gremios**, **etapas sucesionales**, etc., por todo ello es que las comunidades son algo más que la simple acumulación de poblaciones.

Por esta razón, a pesar de mantener la visión de continuidad o fluidez de las comunidades, es necesario definirlas. El término **Biocenosis** fue acuñado por Mobius en 1877 como un conjunto de poblaciones que se integran en condiciones ecológicas adecuadas y tienden a un estado de equilibrio dinámico en un biotopo dado. El **concepto** clásico de que una comunidad es *un conjunto de poblaciones de diferentes especies que viven en un área física determinada*, es incompleto, aun con la incorporación de la propuesta de Mac Mahon **et al** (1978) sobre las *interacciones de tipo coevolucionario* que deben existir para que una simple aglomeración de especies pueda llamarse Comunidad. Este punto de vista está relacionado con la idea de Clemens (1916) quien hablaba de la comunidad como un tipo de **superorganismo** con miembros estrechamente vinculados actual y durante su historia evolutiva. Es decir que las especies deben haber coexistido durante un tiempo evolutivo y desarrollado mecanismos de coexistencia, sin embargo esto es sumamente difícil de demostrar, por lo que el concepto aun así queda a nivel de abstracción. En cambio este punto de vista fue sustituido por el **concepto individualista** que considera las relaciones entre las especies como resultado de similares necesidades y tolerancias, y en parte por el azar. La opinión actual se acerca bastante a este concepto individualista, los análisis de gradientes abióticos y del ordenamiento de las especies a la larga han producido un punto de vista que combina ambas tendencias: la del superorganismo y la individualista. La idea de sus límites, y los problemas asociados, surge a causa de la necesidad psicológica de tratar con entidades claramente definidas, sin embargo *debemos interiorizar que el estudio de ecosistemas es el estudio de un nivel de organización y no de una unidad que pueda definirse en espacio y tiempo*. Es decir, las comunidades son niveles de organización de las especies, no entidades discretas que deban ser definidas para estudiarse.

Esto se complica más cuando, adelantándonos un poco vemos el nivel ecosistémico. Los ecólogos generalmente diferencian los niveles de comunidades del nivel de ecosistema al incluir este ultimo las interrelaciones con el medio abiótico, sin embargo es imposible que un sistema ecológico, sea individual, poblacional o comunitario sea estudiado sin tener en cuenta el ambiente en que existe, por ello las tendencia actuales son a no dividir estas categorías por cuanto las diferencias entre ellas no son obvias. Sin embargo la organización del presente material de Ecología mantiene esta división clásica de los libros de textos.

Regresando al nivel de comunidad, veamos un poco este aspecto de su continuidad espacial. *Una comunidad puede estar definida a cualquier tamaño, escala o nivel*, todos ellos igualmente validos: una comunidad puede ser un bioma extenso (que puede ocupar medio continente), un bosque, un tronco o el estomago de un ciervo. Son diferentes escalas y niveles jerárquicos, pero todos son comunidades. De esto se desprende que la definición de la comunidad siempre ha tenido un sentido antropogénico y pocas veces tiene algún sentido para los organismos, que solo interactúan con un área muy reducida y muy pocas especies a su alrededor.

Comunidades Cerradas (discretas)

Comunidades Abiertas (continuas)

3.2.3. Ecotono y efecto de borde.

En relación a los límites de las comunidades hay que introducir el concepto de **ecotono** o "comunidad limítrofe". Como habíamos mencionado las comunidades generalmente no tienen límites exactos, cuando estos aparecen se deben más bien al hecho de que se emplea un método tosco o grueso de conteo o medición, sin embargo existen comunidades que podemos nombrar **abiertas** o **cerradas** en relación a la forma de transición entre ellas, bien sea gradual o discretas.

La zona de transición entre una comunidad y otra, es de por si una comunidad diferente, y es el denominado **ecotono**.

En el ecotono de una comunidad con otra se cumplen una serie de principios:

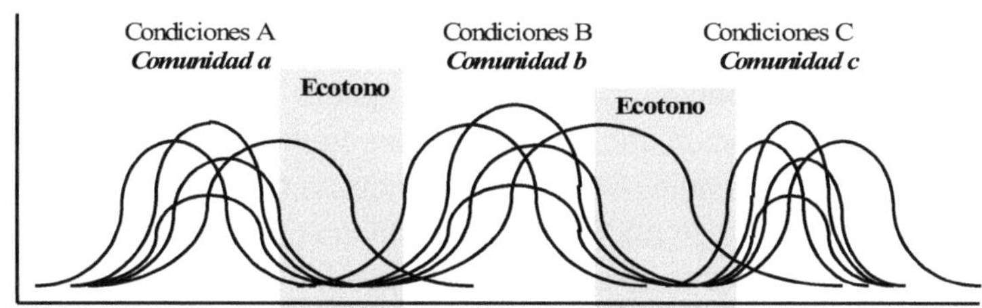

- generalmente contienen mayor diversidad de especies que las comunidades limítrofes dado que contienen especies de ambas, además de que

- algunas especies solo viven en los mismos. Esto es lo que se denomina **efecto de borde**, es decir, la tendencia a la existencia de una diversidad y densidades incrementadas en las poblaciones de los ecotonos.

- El ecotono puede tener una extensión considerable, pero generalmente su área es menor que la de las comunidades limítrofes.

Uno de los ecotonos más comunes es el lindero de los bosques, donde se concentran muchas especies, tanto del bosque como de las sabanas con las que limita. *El efecto de borde puede distorsionar los resultados de un estudio si no es tenido en cuenta, y dar una idea errónea de la estructura de una comunidad o población.* Un ecotono importante también es la región litoral o intermareal.

Ahora bien, si estamos conscientes de que podemos estudiar un nivel comunitario aun sin que los límites existan de forma precisa, comencemos a estudiar cuales son las propiedades que caracterizan a este nivel. Las más importantes son:

- **Riqueza de especies**

- **Composición especifica**

- **Estructuración en gremios**

- **Diversidad de especies**

- **Distribución de abundancias, Equitatividad**

- **Estructura trófica**

- **Estabilidad**

- **Etapas sucesionales**

Comencemos definiendo cada una de estas propiedades:

- **Riqueza de especies**: se refiere al número de especies que coexisten dentro de la comunidad. Depende directamente de las características abióticas del ambiente. Ambientes restrictivos mantienen menor número de especies que los de condiciones más óptimas. La riqueza de especies está directamente relacionado con la diversidad, pero no son equivalentes. La forma clásica de estimar la riqueza de especies en una comunidad es mediante el **índice S** o **riqueza observada**. Sin embargo, la cantidad de especies que uno observa en un lugar es un elemento muy inexacto dada la cantidad más o menos grande de especies que no podemos observar, por ello *este estimador subestima consistentemente la verdadera riqueza*. Por ello, existen otras tres categorías de estimadores de riqueza:

a) Extrapolación de curvas especie-área.

b) Integración de la distribución log normal.

c) Estimadores no paramétricos (Jackknife y Boostrap)

La extrapolación de las curvas especie área no es más que la representación acumulativa del número de especies observadas en áreas de tamaños sucesivamente mayores. La acumulación puede realizarse con UM sucesivamente mayores anidadas o con UM sucesivas de igual tamaño que se acumulan. La forma de la curva es altamente dependiente del orden en que se acumulen las especies, por ello, es recomendado la promediación de muchas curvas (100 o más) obtenidas por secuencias de adiciones aleatorias. Luego de obtenerse la curva, se observa la presencia de una asíntota horizontal en el número de especies que debe existir realmente. Curva acumulada de especies (teórica):

El método de integración de la distribución log normal no es más que la obtención de una curva de S como función del log base 2 de la abundancia en cada muestra. Esto resulta en una curva igual a la curva normal de Gause con la cola izquierda truncada ya que las especies muy poco frecuentes no son muestreadas. Si se ajusta la curva a una curva normal y se integra de $-\infty$ a $+\infty$. Este estimador de la riqueza se denomina Preston, y es bastante exacto pero también subestima la riqueza real.

Finalmente están los estimadores no paramétricos que son los más exactos, y son los métodos de "jackknife" y "boostrap".

De cualquier modo, muchas veces no es necesario conocer de una forma tan exacta la riqueza de especies de un área o lugar y por ello, para comparaciones más gruesas la mayoría de los investigadores se conforman con la riqueza observada.

- **Composición sistemática o especifica**: a pesar de que dos comunidades posean la misma cantidad de especies, estas no son las mismas, y la composición de especies es otro de los parámetros que caracterizan a cada comunidad y las individualizan. La composición específica generalmente se expresa según criterios taxonómicos. De hecho es frecuente que los estudios ecológicos no consideren a todas las especies ya que esto conllevaría un esfuerzo alto por requerir de un equipo grande de taxónomos, sino que se concentran en determinados grupos taxonómicos en los que el o los investigadores tienen más experiencia. De esta forma se definen las **taxocenosis**, que no son más que la parte de la comunidad compuesta por las especies pertenecientes a un determinado grupo taxonómico. Así existen estudios de las ornitocenosis (comunidades de aves), malacocenosis (moluscos), mastocenosis (mamíferos), etc. La composición taxonómica de una comunidad se representa de varias formas,

Por histogramas de frecuencia o abundancia por taxa, por medio de gráficos de pastel, etc. Lo más importante no es la representación en si, sino la interpretación que pueda hacerse para dilucidar aspectos funcionales de la misma o establecer comparaciones.

- **Estructuración en gremios**: para caracterizar la estructura de las poblaciones, no basta organizar sus especies componentes en grupos taxonómicos ya que esto es un arreglo por completo artificial. Una manera de describirlas de forma más o menos natural consiste en dividir las especies en sus gremios y sobre la base de estos describir la estructura comunitaria. Un gremio es un grupo de especies que comparten una característica común o que explotan un recurso ambiental común. Los criterios para definir los gremios pueden ser muy variados: por ejemplo: las categoría trófica puede ser un criterio, así tenemos los gremios: insectívoros, granívoros, frugívoros, polinívoros, folívoros, carnívoros, piscívoros, equi-ívoros, etc., o en combinación con sus hábitat o conductas, podemos decir que en una comunidad de aves tenemos: granívoros de suelo, insectívoros de suelo, insectívoros aéreos, insectívoros de percha, aves de presa, etc.; en aves acuáticas tenemos sondeadores someros, sondeadores profundos, zancudas, etc. El *arreglo de las especies en gremios permite una caracterización más* *real de la estructura de la comunidad*, y *permite inferir patrones de funcionamiento intrínsecos* de las mismas. Los gremios dentro de una comunidad presentan un tamaño relativo entre ellos en dependencia de los recursos que el biotopo ofrece. Así en un lugar donde son abundantes los árboles frutales es de esperar que exista un mayor número de especies dentro del gremio frugívoro, y dentro del gremio de los insectívoros de percha o de tronco, etc.

- **Distribuciones de abundancias**: se refiere a las abundancias individuales de cada población, ya que aunque dos comunidades tengan las mismas especies, las abundancias en las que se presentan no tienen porque ser iguales, y esto tiene profundas implicaciones en la organización o dinámica interna de las mismas, así como en las relaciones de dominancia que se establezcan entre ellas. O sea, en relación a la abundancia existe la llamada **dominancia** que se refiere al punto en que algunas especies o grupos de especies contribuyen o influyen más que las demás en algunos de los procesos de la comunidad, principalmente, el flujo de energía. La dominancia puede ser **numérica** si se refiere al numero de individuos que tiene esa especie o **ecológica** si se refiere a la biomasa o al valor de importancia de la especie en su comunidad. La dominancia puede representarse por medio de tres parámetros: la densidad, la abundancia relativa o proporcional y/o la biomasa de la especie o las especies dominantes. En la mayoría de las comunidades la proporción de las especies que podrían clasificarse como dominantes es reducida en comparación con el número total de especies. Las menos dominantes son llamadas raras. Las especies dominantes controlan gran parte del flujo de energía de la comunidad y su eliminación traería repercusiones drásticas en su estructura, pudiendo llegar a afectar también el medio abiótico y el microclima en particular, la eliminación de una especie rara produciría en cambio afectaciones menores. Sin embargo las especies raras también son muy importantes ya que de ellas depende la diversidad, la estabilidad y el buen funcionamiento de la comunidad.

El grado en que la dominancia esta concentrada en una o varias especies se denomina **equitatividad**. La abundancia en este caso de comunidades no viene dada por la densidad de la población sino por la proporción de la especie en relación a la cantidad total de individuos de todas las especies. O sea en este caso la

$$AP_{spA} = N° \text{ de observaciones de la especie A} / N°. \text{ total de observaciones}$$

(AP: abundancia proporcional)

Esta abundancia expresada en porcentajes puede dividirse en los siguientes intervalos lo que permite describir cualitativamente la abundancia de una especie:

Abundancia Cualitativa	Valor (%)
Abundante	**90 –100**
Común	65-89
Moderadamente común	31-64
Poco común	10-30
Rara	1-9

La equitatividad, o grado en que esta distribuida la dominancia puede calcularse de varias formas, que veremos más adelante cuando ya hallamos estudiado la Diversidad y sus formas de medición.

- **Diversidad de especies**: es un parámetro complejo que involucra la riqueza de especies y su equitatividad. Una comunidad es más diversa que otra a pesar de que pueda tener el mismo numero de especies si estas tienen abundancias más similares o equitativas, una comunidad es poco diversa si tiene muchas especies, pero la mayoría son raras, y unas pocas se encuentran en grandes abundancias.

- Las comunidades tienen también una **estructura trófica**, dada por la organización de las relaciones de alimentación entre las especies, es decir por la cantidad y complejidad de las cadenas de alimentación que se establezcan en su seno.

Los organismos autótrofos, plantas y bacterias, asimilan recursos inorgánicos formando paquetes de materia orgánica o biomasa que a partir este punto de *la producción primaria se convierten en recursos alimenticios para el resto de los organismos heterótrofos*. Dentro de los heterótrofos ocurre luego una cadena de acontecimientos *donde cada consumidor de un recurso se convierte a su vez en recurso para otro consumidor* y esto es lo que se denomina **Cadena Alimenticia**. Las cadenas de alimentación representan las relaciones tróficas que se establecen entre los componentes de una comunidad, y su tamaño o grado de complejidad tienen un papel muy importante en la estabilidad de la comunidad.

En esta cadena existen tres *vías generales por las que los recursos de nutrientes fluyen de un nivel a otro*: descomposición, parasitismo y depredación, aunque como casi todo en la ecología, los límites entre ellas no son tan exactos. Las cadenas tróficas están muy relacionadas con el flujo de la energía dentro del ecosistema. En relación a ella solo aclararemos algo: generalmente se tipifica las relaciones tróficas dentro de una comunidad con el modelo; Productor Primario (planta) -> consumidor primario (herbívoro) -> consumidor secundario (carnívoro) -> … Consumidor terminal (hombre o grandes depredadores), sin embargo es necesario recordar la existencia de los detritívoros, descomponedores y parásitos. Por ello las cadenas de alimentación pueden ser de varios tipos y grados de complejidad.

Por ejemplo:

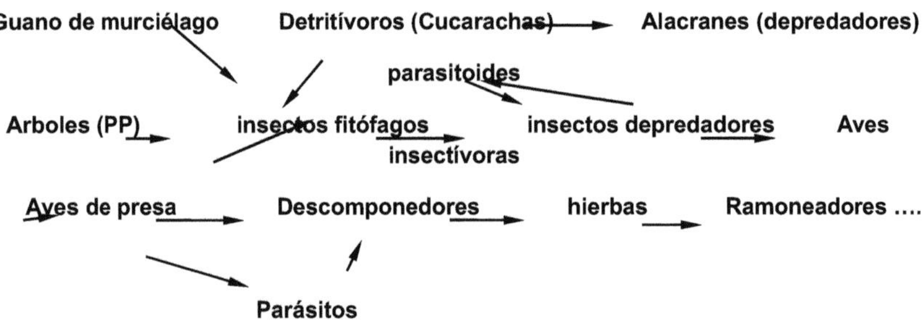

Por ejemplo: las comunidades de *Thalassia* (seibadales) son comunidades muy productivas, donde la producción primaria es muy elevada, sin embargo el número de herbívoros que se alimentan de la especie dominante es muy reducido, ya que la mayor parte de la energía fluye por el circuito del detrito, es decir la biomasa fijada fotosintéticamente por las seibas se incorpora a la cadena trófica luego de morir el alga, comenzando entonces la cadena por los detritívoros y descomponedores (que no siempre están al final). Igualmente sucede en los manglares y estuarios donde una buena parte de la producción primaria entre por la fotosíntesis de los mangles, y se incorpora al ciclo de nutrientes cuando las hojas caen y son descompuestas y no porque alguien se coma las hojas o frutos.

Las comunidades tienen una **estabilidad** intrínseca, que hace que respondan con mecanismos homeostáticos a las perturbaciones hasta retornar a su nivel inicial de una forma más o menos exacta. La estabilidad se relaciona directamente con la diversidad, la equitatividad, y los otros parámetros comunitarios, pero esta relación no es tan directa y sencilla como veremos al estudiar estos parámetros comunitarios.

Finalmente podemos decir que, como las comunidades no son entidades estáticas sino dinámicas, y cambian en el tiempo no de una forma estocástica sino razonablemente predecible en una dirección, las comunidades se caracterizan también por la permanencia en un estado sucesional determinado de su evolución. La **sucesión ecológica** es un aspecto muy complejo.

Conociendo estos parámetros fundamentales que caracterizan a las comunidades, pasemos a ver que es la ordenación de las especies y su relación con la definición y estudio de las comunidades. Los métodos de ordenación son procedimientos matemáticos que permiten que los datos procedentes del estudio de las comunidades se ordenen "por si mismos" sin que el investigador introduzca ninguna idea preconcebida acerca de las agrupaciones de especies, ni de los factores ambientales que más influyan en la estructura de las mismas.

Es conocido que los factores ambientales son variables en espacio y tiempo, ya fue estudiada la forma de variación de los principales factores abióticos como la temperatura, la iluminación, salinidad, humedad, etc. En el espacio los factores ambientales no varían de forma brusca (generalmente) sino gradual, lo que conforma un espacio multidimensional en el cual existen numerosos gradientes superpuestos en diferentes direcciones.

Las especies tienden a ordenarse a lo largo de estos gradientes (de los más importantes para su existencia) en relación a sus respuestas óptimas o límites de tolerancia. Por ejemplo, la forma de respuesta óptima de las especies a los factores ambientales:

Las comunidades que nosotros observamos no son más que segmentos discretos de estos gradientes, en los cuales la composición de especies y abundancias relativas dependerá del lugar del gradiente más influyente que estemos muestreando.

Los métodos numéricos de clasificación y ordenamiento no son métodos estadísticos por cuanto no tienen distribuciones de probabilidades asociadas, a causa de esto no prueban nada, sino que son empleados en el análisis de los datos para generar hipótesis que posteriormente deben ser comprobadas empleando métodos estadísticos apropiados. Los más importantes de estos métodos son el Análisis de Agrupamiento *(Cluster Analysis)*, el Análisis de

Componentes Principales (ACP), y los Análisis de Correspondencia Canónicos.

En relación con la abundancia existen tres parámetros importantes que permiten la caracterización de las especies componentes de una comunidad. Estos son la **Dominancia**, la **Frecuencia** y la **Fidelidad**. La dominancia ya la habíamos mencionado, y puede analizarse estudiando los indicadores de abundancia de cada especie, bien en términos numéricos o de biomasa o energía. Si bien generalmente se evalúa por la biomasa, no puede despreciarse el papel de la frecuencia o del número de individuos.

La **frecuencia** es otra de las formas de medir la abundancia relativa, y viene dada por la relación entre el número de parcelas o UM en las que aparece una especie en relación al número total de parcelas o UM estudiadas. La frecuencia de la aparición de una especie está en relación directa con su abundancia. En relación a esta las especies se clasifican en *Constantes* (aparecen en el 50-100% de las UM), *Accesorias* (25-50%) o *Accidentales* (< 25%).

La **Fidelidad** por su parte se refiere a la *constancia con que la especie aparece asociada únicamente a ese tipo de comunidad o biotopo*, y en relación a esta las especies se clasifican en **exclusivas**: aquellas que solo ocurren en una comunidad y por tanto son bioindicadoras de esta; especies **características**: que son las abundantes en una comunidad pero también se encuentran en otras en menor número; y las especies **ubicuas**: que son las que existen en casi todos los tipos de comunidades sin preferencias de ninguna clase. Analizando los datos de muestreos se pueden diferenciar estas.

Por medio de estos parámetros, especies dominantes, exclusivas, características, constantes, accesorias, etc. pueden describirse las comunidades y compararse entre sí de forma cualitativa.

Igualmente como las comunidades y su composición taxonómica varían en el espacio, existe una variación en el tiempo dada por la dinámica propia de los recursos y las condiciones ambientales. Sin embargo existen dos *tipos de cambios temporales*: uno que aparece cuando para muchos organismos (particularmente los de vida corta) la importancia relativa en la comunidad cambia de forma *estacional* ya que los individuos realizan sus ciclos vitales de acuerdo con la época del año. Este no es el cambio temporal que nos ocupa ni tampoco las variaciones estacionales de año en año, cuyos mecanismos y esquemas son bastante claros, sino que centraremos nuestra atención en una gama de *secuencias temporales de aparición y desaparición de especies en escalas de tiempo mayores* que es lo que realmente se define como **sucesión**:

3.2.4. Sucesiones ecológicas.

Sucesión: esquema continuo, direccional y no estacional de colonización y extinción de las poblaciones de especies de una localidad.

Sucesión Ecológica:

1. Es un proceso ordenado de desarrollo de la comunidad, razonablemente orientado y predecible.
2. Resulta de la modificación del medio físico por la comunidad.
3. Culmina en un ecosistema estabilizado.

La sucesión conjunta de comunidades que se sustituyen en un área determinada se designa como SERE en tanto que las comunidades relativamente transitorias se designan diversamente como ETAPAS SERALES, ETAPAS DE DESARROLLO o ETAPAS DE EXPLOTACION.

Tipos de sucesiones:

Primarias: lugares de reciente formación, sin influencia biótica anterior. Ejemplo; islas volcánicas (Ej. Krakatoa)

Secundarias: cuando los ecosistemas son alterados o destruidos, y la composición biótica anterior influye en el desarrollo del proceso.

Autotróficas: si la base de la red alimenticia depende de organismos fotosintetizadores.

Heterotróficos: si el flujo de energía no proviene del proceso fotosintético.

Un ejemplo, de las sucesiones heterotróficas, son las conocidas *como Sucesiones degradativas*, que se producen en escalas de tiempo relativamente breves (meses o años), y aparecen durante el curso de la degradación de cualquier paquete de materia orgánica muerta: cuerpo de animal o planta, piel vieja de serpiente o crustáceos, o deposiciones de heces. Habitualmente diferentes especies aparecen y desaparecen una tras otra en secuencia, a medida que la degradación de la materia orgánica agota ciertos recursos y convierte en disponibles otros, mientras que los cambios que ocurren en las condiciones físicas del detrito favorecen primero a unas especies, y luego a otras. Las sucesiones degradativas llegan a un fin cuando el recurso ha quedado completamente metabolizado y mineralizado. En estas sucesiones las diferentes especies tienen una segregación temporal que evita la existencia de competencia directa entre ellas.

Las sucesiones también pueden clasificarse en *alogénicas* y *autogénicas* en relación con el agente que produce el cambio direccional. Las **sucesiones alogénicas** *son aquellas en las cuales se "crea" un nuevo hábitat y queda abierto a la colonización*. En estas el hábitat no es degradado ni desaparece, sino sencillamente es colonizado. En estas sucesiones las sustituciones seriales de especies ocurren como resultado del cambio de fuerzas o mecanismos físico - químicos externos.

El ejemplo más estudiado de estos es la transición entre las marismas saladas y los bosques. Estudios de mapas actuales e históricos, y de registros estratigráficos de las especies vegetales a diferentes profundidades, ha demostrado que la deposición de limo y tierra poco a poco adelanta la línea de la costa hacia el mar, produciéndose un desplazamiento progresivo de las especies ubicadas en el halocline. A consecuencia de esto, por ejemplo, en Inglaterra se ha determinado que las marismas saladas se han extendido unos 800 m hacia el mar, mientras que el bosque ha ido invadiendo los límites internos.

Las **sucesiones autogénicas** *son aquellas que aparecen en ausencia de influencias abióticas y las que se producen como resultado de que unos procesos biológicos hayan modificado las condiciones y/o recursos del ambiente.*

Las sucesiones que se producen sobre terrenos que acaban de quedar descubiertos tardan típicamente varios cientos de años en realizar todo su ciclo y generalmente la vida de un investigador no basta para seguirla (excepto algunas "rápidas" como la de algas en un substrato descubierto). Pero afortunadamente a veces se puede obtener información a partir de que las fases de la sucesión en el tiempo generalmente están representadas por gradientes de la comunidad en el espacio. En estas sucesiones una de las primeras especies puede alterar las condiciones o la disponibilidad de recursos de un hábitat de tal modo que posibilita la entrada de otras nuevas especies. Este proceso se denomina Facilitación. Por ejemplo, luego de un glaciar que limpió durante años un suelo, al retirarse este, quedó solo un substrato pobre de nutrientes. La colonización las comienzan algunos musgos y líquenes que pueden sobrevivir gracias a su simbiosis con autótrofos, y que durante años acumularán nutrientes con sus cuerpos muertos que irán enriqueciendo poco a poco el suelo. Luego comienzan a aparecer algunas especies herbáceas, así en unos 50 años ya hay la existencia de un matorral arbustivo, y hasta árboles de hasta 10 m de altura. Las especies pionero (primeras colonizadoras) generalmente son estrategas r: oportunistas y de crecimiento rápido, y luego son reemplazados poco a poco por estrategas k. Por ello puede verse que en una sucesión generalmente se produce gradualmente una disminución en la tasa de crecimiento relativa de las especies, así como la disminución en la tasa fotosintética. Otro elemento que "regula" el desarrollo de una sucesión son las relaciones antagónicas de exclusión que actúan durante un mismo **sere** (un sere es un *estadio intermedio de una sucesión*).

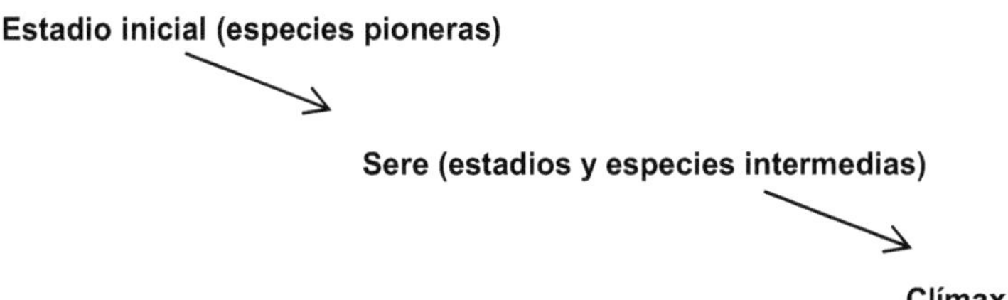

Los animales también influyen notablemente en las sucesiones aunque generalmente las plantas dominan gran parte de la estructura y la sucesión de las comunidades. En ocasiones son los propios animales los que determinan la naturaleza de la sucesión. Por ejemplo en las sucesiones de algas, es el ramoneo selectivo de los cangrejos el que determina el paso de un sere a otro. Un ejemplo espectacular del efecto del ramoneo de los animales se puso de manifiesto cuando las poblaciones de conejos de Gran Bretaña se vieron reducidos por la mixomatosis. Numerosas áreas de praderas cambiaron rápidamente su composición específica y ocurrió un particular aumento en la cantidad de arbustos que anteriormente habían estado limitados por el ramoneo.

Luego de mucho tiempo en una sucesión, existen dos posibilidades: que se alcance un punto final o treminal o que la sucesión permanezca cambiante siempre.

Clímax se denomina a la comunidad o etapa sucesional final o terminal.

3.3. *Ecosistema. Concepto. Estructura y composición de los ecosistemas.*

Evolución del concepto de ecosistema

En 1916, F. E. Clements propuso el concepto de sucesión, en el que hizo notar que tanto la composición de especies como la estructura de la comunidad cambiaban con el tiempo. Clements concibió a las comunidades como superorganismos formados por poblaciones de plantas y animales que al interaccionar forman entidades integradas y dinámicas. Propuso que los cambios sucesionales en las comunidades seguían un proceso similar a la ontogenia de los organismos (desarrollo embrionario).

Esta visión superorganísmica de las comunidades contrasta fuertemente con la idea de H. A. Gleason manifestada diez años más tarde. Para Gleason, las comunidades estaban conformadas por poblaciones con arreglos aleatorios que funcionan independientemente, con una distribución común, porque están formadas por especies con necesidades y tolerancias similares y por eso coexisten en un hábitat determinado, pero sin interacciones entre ellas.

Clements puso mucho énfasis en la dinámica temporal y descuidó el aspecto espacial. Gleason enfatizó en los patrones espaciales y puso menos atención en el tiempo. Ninguno de los dos llegó a un concepto integrado de tiempo y espacio.

A mediados de la década del 20 del siglo pasado, algunos ecólogos comenzaron a considerar aspectos funcionales dentro de las comunidades. Charles Elton, durante su estancia en la isla Spitsbergen (a media distancia entre Noruega y el Polo Norte), siendo estudiante de Oxford, desarrolló un nuevo concepto de las comunidades organizadas por las relaciones de alimentación. La cadena pasó con los años a ser red o trama, pero los conceptos básicos se han mantenido inalterables.

Esta idea se extendió, pero no fue hasta 1935 en que se acuña el término ecosistema. El ecólogo inglés Arthur George Tansley rechazó ambas nociones, de Clements y Gleason. Enfatizó que la distribución de especies y su ensamblaje estaban fuertemente influídos por el ambiente abiótico asociado, por lo que propuso que la comunidad biótica constituía una unidad integral junto con su ambiente físico. Propuso entonces el término "ecosistema" para designar dicha unidad integral.

La idea del ecosistema como un sistema de transformaciones de energía fue desarrollada por primera vez por un joven ecólogo acuático de la Universidad de Minnesota. En un artículo publicado en 1942, Raymond Lindeman esbozó las principales líneas conceptuales metodológicas que iban a permitir estudiar un sistema tan complejo: los flujos de energía y los ciclos de nutrientes. Adoptó la noción de Tansley del ecosistema como la unidad fundamental y el concepto de Elton de las relaciones tróficas como la expresión más útil para describir la estructura del ecosistema. A los pasos de la cadena denominó niveles tróficos y fue más allá al determinar la existencia de una pirámide de energía, argumentando que una cantidad menor de energía llega al nivel trófico superior debido al trabajo realizado y a la ineficiencia de las transformaciones de energía en el nivel trófico inferior. Se considera que fue quien introdujo el enfoque dinámico y funcional en el estudio de los ecosistemas.

En la década del 50, el concepto de ecosistema, había penetrado totalmente en el pensamiento ecológico, destacándose Eugene P. Odum de la Universidad de Georgia. Estableció un modelo universal del flujo de energía. Para cada uno de los niveles tróficos, el esquema consistió en una caja representando la biomasa (o su equivalente energético) en un tiempo determinado y los caminos dentro de la caja representan los flujos de energía. Aunque por ser diagramas simplifican la naturaleza, evidencian el principio importante de que la energía pasa de un nivel de la cadena alimentaria al próximo, con pérdida por la respiración y por el paso de alimento no utilizado hacia el circuito de los detritos. A diferencia de la energía, que viene del Sol y deja el ecosistema como calor, los nutrientes son reciclados y mantenidos dentro del sistema.

Los organismos vivos y su ambiente inerte (abióticos) están inseparablemente ligados y actúan recíprocamente entre sí. Cualquier unidad que incluya la totalidad de los organismos (esto es la Comunidad) de un área determinada que actúan en reciprocidad con el medio físico de modo que una corriente de energía conduzca a una estructura trófica, una diversidad biótica y a ciclos materiales (esto es, intercambio de materiales entre las partes vivas y las inertes) claramente definidas dentro del sistema es un sistema ecológico o ecosistema.

Estas comunidades bióticas o biocenosis, residen en un lugar, el hábitat, que presenta determinadas características fisicoquímicas y estructurales que influyen en la vida de la comunidad. A la vez, la comunidad biótica ejerce su influencia sobre las características del hábitat.

Al complejo formado por la comunidad biótica y el hábitat, los cuales están en constante interacción y en equilibrio dinámico, se le llama Ecosistema o biogeocenosis.

Berovides (1982) considera al ecosistema o biogeocenosis como el conjunto formado por una biocenosis y el ambiente abiótico donde ésta se encuentra, en el cual se desarrollan las interacciones de los organismos con su ambiente abiótico para la obtención de energía mediante la alimentación.

Como en biología la unidad básica funcional es la célula, en ecología la unidad básica funcional es el ecosistema. Condición indispensable del mismo es que exista vida independiente. Quiere esto decir que en un ecosistema no se reciben materiales ni energías exteriores, salvo la energía proveniente de la radiación solar, que es la utilizada para dar inicio a la cadena viviente en ecosistema o unidad.

En el ecosistema se produce todo lo necesario para la vida de la comunidad y se consume todo lo producido por esa comunidad. También en el ecosistema la energía recibida de la radiación solar es fijada y transformada por un grupo de organismos (los vegetales) para después pasar de éstos, a través de la cadena de alimentación, a los demás miembros de la comunidad biótica, incapaces de aprovechar directamente la energía de la radiación solar.

ECOSISTEMA = Corriente de Energía, Estructura Trófica, Diversidad Biótica y Ciclo de Materiales

Los componentes desde el punto de vista trófico de "TROPHI" = ALIMENTO, son:

- **Un componente autotrófico = (que se nutre a sí mismo)**
- **Un componente heterotrófico = (que es alimentado por otros)**

Que por lo regular están parcialmente separados en el espacio y el tiempo y en el que predominan el empleo, readaptación y la descomposición de materiales complejos:

El ecosistema no es una unidad estática, sino funcional, en constante dinamismo y actividad. Tanto es así, que Sears (1939) afirmó que cuando el ecólogo penetra en un bosque o en un prado, no mira simplemente lo que hay allí, sino lo que allí ocurre.

Un bosque, una laguna, un cañaveral, un campo de maíz, un pastizal, el océano, el planeta, etc., son ejemplos de ecosistemas, desde la más pequeña unidad hasta el planeta completo.

Características de los ecosistemas:

Todo ecosistema se caracteriza por tener una composición obligada, por existir varios niveles tróficos, y porque produce un flujo de energía y materiales entre los mencionados niveles.

La palabra ecosistema es la contracción del vocablo "sistema ecológico", esto es, los ecosistemas son **sistemas.**

Un sistema es un conjunto de elementos, componentes o unidades relacionadas entre sí. O sea, un conjunto de elementos de interacción e interdependencias recíprocas que forman un todo unificado.

Los ecosistemas son sistemas en donde los componentes o elementos que los conforman son tanto de origen biótico como abiótico.

Los componentes abióticos son:

- Factores físicos (ejemplos: temperatura, presión, luz) y químicos (ejemplos: pH, salinidad).
- Procesos físicos (ejemplos: corrientes, mareas). Son eventos que dependen de la interacción entre varios factores.
- Materia orgánica.

Los componentes bióticos están integrados por:

- Productores (quimio y fotosintetizadores)
- Consumidores
- Descomponedores

Los ecosistemas, como todo sistema biológico, están abiertos a la entrada y salida de materia y energía.

Lo que constituye una salida para un ecosistema dado representa una entrada para otro ecosistema colindante. Así por ejemplo, la pérdida (salida) de suelo y nutrientes por efectos de la erosión en un ecosistema boscoso bajo explotación, constituye la entrada de sedimentos y nutrientes en un lago localizado río abajo.

Por otra parte, los ecosistemas no siempre tienen fronteras bien definidas. Este problema se acentúa cuando existe un gradiente (altitudinal, climático, de salinidad, etc.) de tal forma que el ecosistema gradualmente se va transformando en otro.

Los ecosistemas poseen componentes que interaccionan estableciendo mecanismos de retroalimentación. Pueden ser estabilizadores (negativos) o desestabilizadores (positivos). La falta de mecanismos estabilizadores o de control puede conducir a una destrucción del sistema, mientras que lo que hace a un sistema dinámico son sus mecanismos de retroalimentación positivos, sin los cuales no habría crecimiento ni desarrollo. Ejemplo de retroalimentación positiva: el crecimiento geométrico de las poblaciones.

La retroalimentación negativa es uno de los mecanismos más extendidos en la regulación de los fenómenos naturales que conducen a la homeostasis del ecosistema.

Muchos sistemas cibernéticos tienen un controlador central, por ejemplo el hipotálamo en el ser humano. Los ecosistemas, en cambio, no poseen un controlador central, sin embargo, esto no los hace menos cibernéticos. Dentro de los ecosistemas existen 2 subsistemas o redes superpuestas: un subsistema primario o red trófica en la que fluyen materia y energía, y un subsistema secundario, o red informacional, que regula dichos flujos. Es a través de este último que se establecen mecanismos de retroalimentación en los ecosistemas. Sin esta red de información la naturaleza sería caótica, desordenada y desequilibrada. Son factores, procesos e interacciones que sirven para controlar el flujo de materia y energía: señales tales como sonidos, sabores, olores, campos magnéticos, etc. Se ha visto por ejemplo como el fuego puede disparar mecanismos de germinación en semillas enterradas, como la duración del día y la noche determinan el inicio de las migraciones de aves, como las secreciones de un animal delimitan zonas territoriales, como unos cuantos milímetros de lluvia disparan la producción de hojas en una selva tropical. Muchas especies de plantas producen sustancias químicas para protegerse de la herbívora, y en los animales la secreción de sustancias venenosas es un mecanismo de defensa importante.

Propiedades emergentes.

Siendo la totalidad lo que identifica a un sistema, es de suponer que presenta características referidas al todo que resultan distintas a las propiedades de las partes de ese todo consideradas aisladamente (propiedades sumativas), el sistema, el todo, es más que la suma de sus partes, ya que lo esencial radica en las interacciones entre los elementos.

El conocimiento de las especies de un ecosistema probablemente no permitirá predecir la resistencia de éste a la pérdida de nutrientes. Procesos del ecosistema tales como la productividad primaria, el ciclo hidrológico, la erosión, son mejor y más fácilmente estudiados con un enfoque global (holístico) que mediante el análisis y la suma de cada uno de sus componentes.

Homeostasis del sistema

Los ecosistemas son capaces, lo mismo que sus poblaciones y organismos componentes de autoconservación y autorregulación.

Homeostasis (Homo= igual y **stasia**= estado), es el término empleado para significar la tendencia de los sistemas biológicos de resistir el cambio y permanecer en estado de equilibrio.

*El juego entre los ciclos de materiales y la corriente de energía en ecosistemas grandes produce una **Homeostasis** auto correctora, sin que se requiera control o punto fijo alguno exterior.*

Los estudios de ecosistemas

Los ecólogos están conscientes de que su visión de los procesos a nivel de ecosistemas está fuertemente limitada por la gran duración de los procesos. El entendimiento adecuado y la interpretación correcta de las funciones totales del ecosistema así como de su alteración por la perturbación natural o humana, precisa de mediciones continuas por períodos muy prolongados. El establecimiento de investigaciones sólidas, integradas a largo plazo, constituyen la solución a este problema; sin embargo, son escasos los estudios de este tipo.

Los datos cuantitativos acerca de los distintos procesos a nivel de ecosistemas son muy limitados. Esto no es necesariamente un fallo de los estudios ecosistémicos, sino más bien el resultado natural de la historia, tan breve, de este tipo de estudios, aunado a su inherente complejidad biológica. Mucho queda aún por investigar. Hay que continuar con estudios descriptivos, necesarios para definir el sistema. .

El estudio de las interacciones entre ecosistemas es tan importante como el de un ecosistema específico. En efecto, hay zonas críticas desde el punto de vista ecológico, tales como la interfase tierra-mar a lo largo de las costas o el ecotono entre bosques y sabanas.

Falta mucho por dilucidar acerca del metabolismo microbiano, el cual es una parte muy significativa del metabolismo total del ecosistema.

Las implicaciones energéticas del papel de los microorganismos son impresionantes: tanto en los suelos como en los sedimentos acuáticos, existe una gran producción secundaria de microorganismos que consumen entre un 25% y un 50% de la energía disponible de la fotosíntesis neta de la comunidad. Son necesarios más datos sobre producción y biomasa subterránea, biomasa de micorrizas y sobre actividad de herbívoros para corregir las estimaciones de productividad primaria. La investigación futura debe también buscar una comprensión más amplia de las redes y de la longitud de las cadenas tróficas, documentando su variabilidad en el tiempo y en el espacio. El estudio de estos aspectos debe conducir a la elaboración de modelos con capacidad predictiva, que permitan explorar los patrones de flujo de energía y reciclaje de nutrientes y su variación espacio-temporal.

Composición:

La composición del ecosistema la podemos estudiar desde dos puntos de vista: el funcional y el estructural.

Desde el punto de vista funcional, un ecosistema puede analizarse apropiadamente en términos de lo siguiente:

- **De los circuitos de energía.**
- **De las cadenas de alimentación.**
- **De los tipos de diversidad en tiempo y espacio.**
- **De los ciclos nutritivos (biogeoquímicos).**
- **Del desarrollo y evolución.**
- **Del control (cibernética).**

También, desde el punto de vista funcional, obligatoriamente, en todo ecosistema tienen que realizarse dos funciones: **autotrofia y heterotrofia.**

La autotrofia es la función mediante la cual un grupo de organismos produce el alimento necesario para la comunidad del ecosistema.

La heterotrofia es la función que realiza un grupo de organismos al consumir lo producido por la función de autotrofia.

Para que el ecosistema se mantenga permanentemente como tal es imprescindible que se produzcan estas dos funciones, y de acuerdo con la proporción relativa entre ellas, será la composición de la comunidad biótica.

Si no se produjera la función de autotrofia es evidente la imposibilidad de la existencia del ecosistema, pero tampoco sería posible sin la heterotrofia, pues se acumularían los materiales producidos por la función autotrófica, autodestruyéndose el ecosistema.

Desde el punto de vista **estructural**, en el ecosistema tienen que existir los componentes siguientes:

Sustancias abióticas. Son todas las sustancias simples y compuestos inorgánicos y orgánicos básicos del hábitat. Ejemplo: dióxido de carbono, oxígeno, hidrógeno, nitrógeno, nitratos, fósforo, potasio, calcio, magnesio, azufre, hierro, cobre etc.

Organismos productores. Son los organismos autótrofos que en el ecosistema producen sus propios alimentos y el del resto de la comunidad, partiendo de sustancias inorgánicas simples y utilizando directamente la energía de la radiación solar. Están representados principalmente por los vegetales terrestres, y por las plantas acuáticas y fitoplancton en el ambiente acuático.

Organismos consumidores. Los que se alimentan de lo elaborado por los organismos productores. Son animales que ingieren a otros organismos o partes de éstos como fuente de alimentación. Pueden ser consumidores primarios, si se alimentan directamente de los vegetales, son los animales herbívoros, y consumidores secundarios, los que se alimentan de otros animales, los llamados animales carnívoros. Estos, a su vez, pueden ser de diferentes órdenes: carnívoros que se alimentan de herbívoros, carnívoros que se alimentan de otros carnívoros, etc. Además, pueden existir organismos que tengan una alimentación mixta, es decir, ser herbívoros y carnívoros a la vez.

Organismos desintegradores: Son, al igual que los anteriores, organismos heterótrofos, que se ocupan de descomponer la energía orgánica muerta del ecosistema, utilizando la energía y los materiales contenidos en la misma, para su vida, a la vez que transforman los componentes orgánicos en las correspondientes sustancias inorgánicas que nuevamente necesitan utilizar los autótrofos.

Esta parte del ecosistema está constituida fundamentalmente por organismos microscópicos, especialmente bacterias y hongos. Su papel es importantísimo, ya que devuelven continuamente las sustancias minerales necesarias a los autótrofos para la elaboración de los alimentos.

Cada uno de estos componentes es imprescindible. Cualquier alteración en uno de ellos causaría el correspondiente desequilibrio del ecosistema.

En la figura 2.1 puede observarse en forma esquemática, los principales componentes típicos de dos ecosistemas naturales, terrestre y acuático.

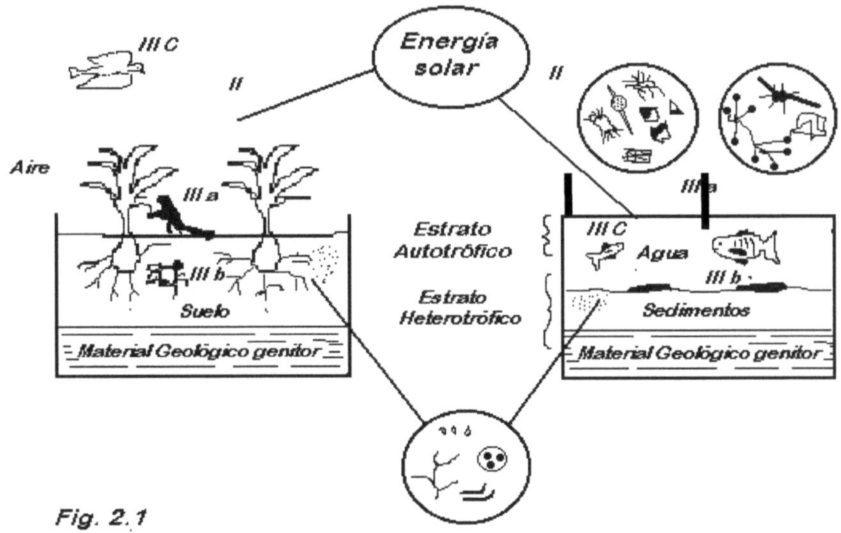

Fig. 2.1 Componentes principales de dos ecosistemas naturales, terrestre y acuático (I), Sustancias abióticas (compuestos básicos orgánicos e inorgánicos); II, organismos productores (vegetación en tierra, fitoplanctón en agua); III, macroconsumidores o animales (a, herbívoros, b, consumidores indirectos o comedores de tributos; c, carnívoros; IV, desintegradores (bacterias y hongos de la descomposición).

3.3.1 Niveles tróficos y pirámides ecológicas.

En el ecosistema existen organismos que sintetizan sus propios alimentos, organismos que se alimentan de los producidos por los primeros, organismos que se alimentan de estos últimos, y así sucesivamente, formando lo que en la ecología se llama Cadena Alimenticia.

Los organismos que obtienen su energía mediante el mismo número de pasos, partiendo de los autótrofos vegetales, pertenecen al mismo nivel trófico, numerando de esta forma a los mismos. Se le asigna el primer nivel a los vegetales, que obtienen su energía directamente de la radiación solar. A partir de los vegetales, se le asigna el nivel trófico correspondiente al organismo según el número de pasos con que obtenga la energía a partir de los vegetales. Así, en resumen, se establecen los siguientes niveles tróficos principales.

Primer nivel trófico. Constituido por los vegetales, ya que obtienen su energía directamente de la radiación solar.

<u>Segundo nivel trófico</u>. Lo forma los animales herbívoros, que se alimentan (obtienen la energía) ingiriendo directamente de la biomasa vegetal.

<u>Tercer nivel trófico</u>. Lo integran todos los organismos del ecosistema que obtienen su energía alimentándose de los organismos herbívoros. Son los carnívoros primarios.

<u>Cuarto nivel trófico</u>. Está compuesto por los organismos del ecosistema que para obtener su energía se alimentan de los carnívoros primarios. Son los carnívoros de otros carnívoros; los llamados carnívoros secundarios.

Debe aclararse que esta clasificación trófica se refiere a la función alimenticia como tal y no a la especie. Una especie puede ocupar uno o más niveles tróficos, según las fuentes de donde obtenga los alimentos y servir de alimento a otras especies formando entrecruzamiento de cadenas tróficas (trama alimentaria) que se convergen en los microorganismos descomponedores. (fig. 2.2 y 2.3)

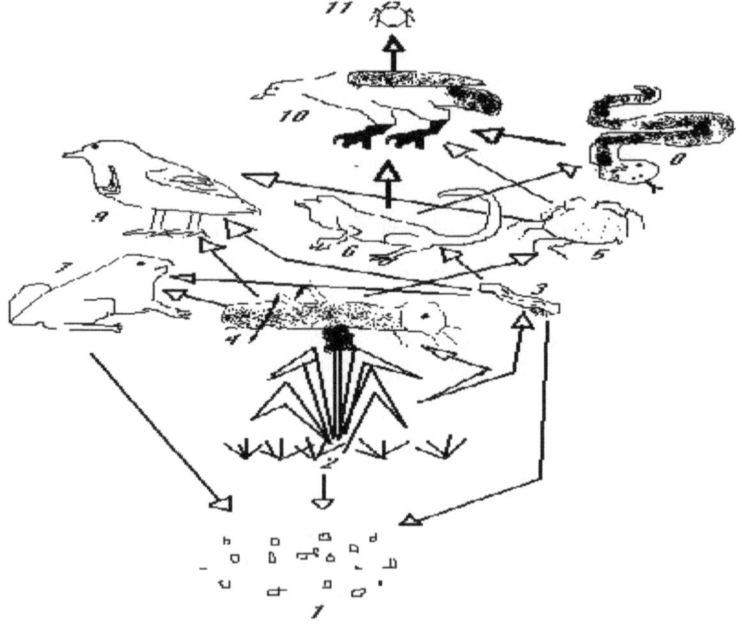

Fig. 2.3. Trama alimentaria simplificada en una comunidad de sabana: microorganismos del suelo(1), hierbas(2), larvas de mariposa(3), saltamontes(4), arañas(5), lagartijas(6), ranas(7), jubos(8), sabaneros(9), cernícalos(10), parásitos(11).

La estructura trófica de los ecosistemas puede resumirse clasificando los diversos organismos según su nivel trófico (posición que ocupa el organismo con respecto a la entrada de energía en el ecosistema) estimando la energía disponible en cada nivel, la biomasa o el número de organismos.

La transferencia de energía en una cadena alimentaria puede representarse como **pirámide de producción** en la cual los niveles tróficos se disponen en bloques cuyo tamaño es proporcional a la producción de cada nivel. En la estructura piramidal, la producción de las plantas proporciona una amplia base de la que depende una producción más reducida de los consumidores primarios, coronada por una más reducida aún de los secundarios.

La pérdida progresiva de energía en una cadena alimentaria limita considerablemente la biomasa de carnívoros del nivel superior que cualquier ecosistema puede soportar.

Este fenómeno se refleja también en la **pirámide de biomasa** y en la **pirámide de números** formulada por primera vez en la década del 20 por el inglés Charles Elton, formó parte de una expedición a la isla de Spitsbergen y observó las relaciones alimentarias entre los habitantes de la tundra. Las pirámides de cantidades resultantes han sido denominadas, en su honor, **pirámides eltonianas**. Precisamente encabezó su obra con este proverbio chino: "Una colina no puede albergar 2 tigres".

Tanto la pirámide de números como la de biomasa pueden invertirse. Las pirámides de números tienden a invertirse en ecosistemas como bosques, donde un árbol puede soportar muchos herbívoros. La biomasa es una medida alternativa, un árbol pesa más que sus insectos, pero también es discutible. En la red de detritos una pequeña biomasa de microorganismos soporta una biomasa mayor de microbívoros. Las pirámides de biomasa tienden a estar invertidas en los ecosistemas acuáticos donde los productores son pequeños, mientras que el tamaño del cuerpo y la duración de la vida aumentan al aumentar el nivel trófico.

Sin embargo, en ambos tipos de ecosistemas se cumple que el flujo de energía disminuye progresivamente hacia los niveles tróficos superiores.

3.3.2. Flujo de energía y materiales.

En el ecosistema la energía fluye en un solo sentido, es decir, pasa a través de los diferentes niveles tróficos y no vuelve a ser utilizada. Sin embargo, los materiales (N, P, K, Mg, etc.) se mueven cíclicamente, y pueden se utilizados una cantidad infinita de veces. (fig. 2.4 y 2.5)

Cada uno de los materiales inorgánicos tiene su ciclo característico.

 La energía en el ecosistema fluye en correspondencia con las leyes de la termodinámica. Esto es, la energía no es creada ni destruida solo es transformada de una a otra forma, y esta transformación no se produce espontáneamente en un proceso a menos que se degrade de una forma concentrada en otra dispersa, con la consiguiente pérdida de energía aprovechable para el sistema.

Si se analiza lo que sucede en un ecosistema cualquiera se verá que de la energía solar recibida, solo una fracción es absorbida por los organismos autótrofos fotosintetizadores. La mayor parte se disipa en la atmósfera en forma de calor. De la energía ya absorbida por los vegetales, una fracción se transforma en energía química potencialmente aprovechable en forma de protoplasma vivo. El resto se disipa a través de la respiración.

Así, la eficiencia de conversión no es del 100%, es decir, hay un gran porcentaje de pérdida de energía aprovechable al pasar de una a otra forma energética.

Cuando un animal herbívoro ingiere cierta cantidad de biomasa vegetal transforma una parte de la energía química potencial acumulada en el protoplasma vegetal, la energía química potencial se acumula en el protoplasma animal. El resto de la energía se disipa en forma de calor a través de la respiración y otros procesos metabólicos que consumen energía. Como se observa, aquí tampoco se logra un 100% de conversión.

Igual sucede cuando un carnívoro se alimenta de un herbívoro, cuando un carnívoro se alimenta de otro carnívoro.

De esta forma, la energía fluye de uno a otro nivel de la cadena de alimentación sufriendo pérdidas en cada paso, acumulándose cada vez en menor cuantía, mientras más alejado sean esos pasos en dicha cadena (fig. 2.4)

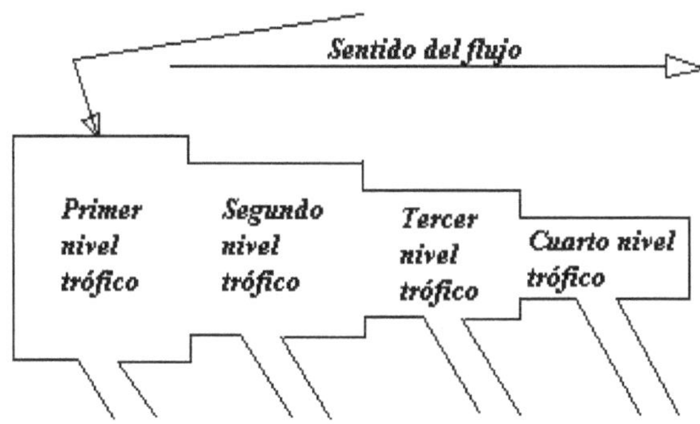

Fig. 2.4 Representación esquemática del flujo de energía en un ecosistema.

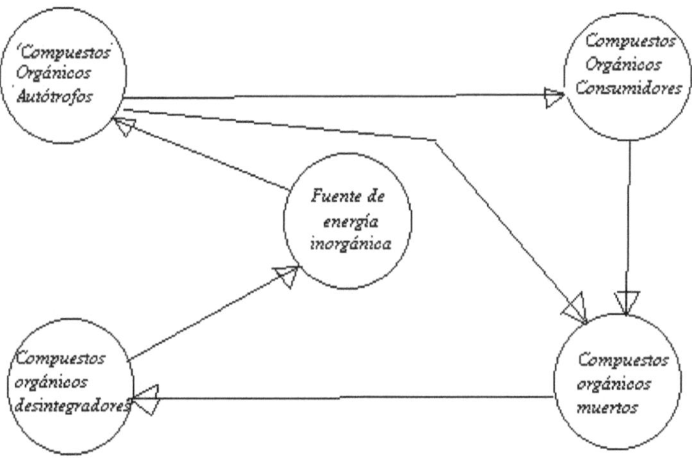

Fig. 2.5 Esquema simplificado del flujo de materiales del ecosistema.

Por esta razón, al igual que la energía, la biomasa acumulada va disminuyendo en los sucesivos niveles tróficos. El peso vivo de los animales herbívoros, es mayor que el de los carnívoros, etc.

De acuerdo con el principio anterior, una mayor población humana podría vivir, por km^2, si su dieta alimenticia recayera fundamentalmente sobre vegetales, que si se alimentara principalmente de carne.

3.3.3. Producción primaria y secundaria. Hábitat y Nicho Ecológico.

3.3.3.1. Producción Primaria. Concepto. Producción primaria bruta y neta. Factores que limitan la producción primaria.- Métodos de estudio.

Es la cantidad de materia orgánica (biomasa) sintetizada por los autótrofos como resultado de la fotosíntesis. Se denomina producción primaria porque es la primera forma de almacenamiento de energía en un ecosistema.

El flujo de energía a través del ecosistema comienza con su fijación por las plantas y otros organismos a través de la fotosíntesis.

Los principales productores son las plantas verdes terrestres y acuáticas. La fotosíntesis bacteriana y la quimiosíntesis pueden contribuir también a la formación de nueva biomasa pero esta contribución es insignificante.

Como representa la cantidad de biomasa que el ecosistema acumula por unidad de superficie o volumen, la producción puede expresarse en términos de biomasa. La biomasa es un parámetro de referencia obligada en el estudio de la estructura y función de un ecosistema. Es el peso de la materia orgánica seca por unidad de superficie o volumen.

La PP también se expresa en términos de energía porque la biomasa representa la cantidad de energía almacenada en forma de alimentos a partir de la fotosíntesis: kcal. /ha o kcal/m^2. Si se conoce el valor calórico de la planta, puede convertirse el peso seco a kilocalorías. El contenido de energía de un peso determinado de material vegetal o animal se calcula colocando el material seco en un calorímetro y determinando la cantidad de calor desprendido. La energía se expresa en joules, kilojoules, calorías o kilocalorías.

El interés generalmente radica en las tasas de producción, esto es, la producción por unidad de tiempo. Cuando se expresa con referencia a distintos períodos de tiempo: horas, días, años se dice productividad. El año es el intervalo más conveniente. Hay autores que usan producción o productividad indistintamente.

Producción primaria bruta y neta.

La producción primaria BRUTA es la cantidad total de energía asimilada por las plantas a través de la fotosíntesis (de modo que la producción primaria bruta es equivalente a la fotosíntesis), pero no es enteramente aprovechable para el crecimiento o aumento de la biomasa, porque parte de esta producción bruta es utilizada para satisfacer las demandas respiratorias (mantenimiento). En la respiración se oxidan las moléculas orgánicas con oxígeno del aire para obtener la energía necesaria para los procesos vitales. En este proceso se consume O_2 y se desprende CO_2 y agua, por lo que en cierta forma, es lo contrario de la fotosíntesis que toma CO_2 y agua desprendiendo O_2.

De modo que la producción bruta es lo asimilado realmente por las plantas y la NETA lo que queda de ella descontada la respiración de las propias plantas, disponible para los heterótrofos.

Destino de la producción neta:

Puede ser utilizada por los herbívoros, y la biomasa que no es consumida y que permanece intacta asegurando la producción, es la biomasa o cosecha en pie.

Otra vía: pasa en forma de materia orgánica muerta a ser objeto de transformaciones por detritívoros y microorganismos descomponedores. En los ecosistemas terrestres la producción de hojarasca fuerza hacia otros niveles tróficos entre 1/3 y 1/4 de la producción total.

Conociendo las fuentes de entrada y salida de energía en el sistema, pueden realizarse cálculos sobre la producción máxima posible en la Tierra a partir de la eficiencia máxima potencial de la fotosíntesis.

Eficiencia de la producción primaria: es el cociente entre la energía fijada por la producción primaria y la energía de la luz solar que llega a ese ecosistema, conocida como eficiencia de Lindeman: P/L

P: producción neta

L: luz absorbida

En el concepto de eficiencia no interesa sólo la cantidad total de energía asimilada por el ecosistema en energía química, sino que proporción es del total de energía luminosa le llega al ecosistema.

La incidencia máxima de energía solar sobre la superficie del globo puede calcularse en unas 7000 kcal /m^2/día. Mucha de esta energía, sin embargo, se encuentra en la parte ultravioleta e infrarroja del espectro, la cual no es efectiva en la fotosíntesis. De las 7000 kcal iniciales, cerca de 2735 kcal pueden invertirse potencialmente en el proceso de la fotosíntesis. Cerca del 30% de esta energía disponible se disipa en absorción inactiva, con el restante 70% útil para la formación de intermediarios fotoquímicos pero de nuevo se produce una importante pérdida de energía en compuestos intermediarios inestables.

El proceso de fotosíntesis podría llegar a tener una eficiencia teórica de hasta un 9% de la radiación que llega a las plantas, o sea, un máximo teórico del 9% de la energía del sol puede transformarse en compuestos estables de carbono, oxígeno e hidrógeno (CH_2O). Estas 635 kcal/m²/día, el límite superior de la producción bruta, se convierte en una masa de unos 165 g de materia orgánica /m²/día que deben repartirse entre la respiración y la producción neta. La respiración debe alcanzar un valor mínimo del 25% de la producción bruta, con lo cual el máximo de la producción primaria neta sería de 124 g/m²/día. Como este límite óptimo teórico está basado en una iluminación máxima, eficiencia máxima de conversión de luz en compuestos orgánicos y mínima respiración, es obvio que ninguna planta presenta niveles tan altos de producción neta.

El valor record observado en la producción neta diaria es de 54 g / m² / día en una gramínea tropical creciendo en condiciones de luz intensa. Esta cifra representa tan solo el 44% del máximo teórico. Por lo tanto, existen ciertos factores que hacen que la eficiencia de la producción este por debajo de la eficiencia de la fotosíntesis.

Otra relación importante: producción neta/biomasa. Por ejemplo, en una población de algas en la que cada alga se dividiera en dos iguales cada 24 horas, ese cociente seria de 1 (eficiencia 100%), significa que cada gramo de algas dobla su peso en 24 horas. La relación es muy alta en el plancton, puede ser cercana al 100% diario y significa que la población se renueva con gran rapidez. En la vegetación terrestre, las tasas de renovación varían entre uno y 50 años.

Factores que limitan la producción primaria:

Se ha demostrado que conociendo la evapotranspiración real, podía predecirse con bastante exactitud la producción primaria. La evapotranspiración real es una medida de la radiación solar, la temperatura y la pluviosidad; es la cantidad de agua bombeada a la atmósfera por evaporación desde el suelo y por transpiración y respiración desde la vegetación. A temperaturas más elevadas, mayor es la evapotranspiración. Los estomas, a través de los cuales las hojas intercambian CO_2 y O_2 con la atmósfera, también permiten el paso del vapor de agua (transpiración). Cuando existe déficit de agua, las hojas cierran sus estomas para reducir la pérdida de agua. Esto previene la absorción de CO_2 y la fotosíntesis se hace más lenta hasta llegar a detenerse.

Además de la evapotranspiración, la producción neta puede estimarse a partir de la duración de la estación de crecimiento (longitud del período fotosintético, la precipitación o la temperatura.

La temperatura y la pluviosidad son dos variables de importancia como determinantes, a un nivel muy general, de la producción primaria terrestre.

La relación entre la temperatura anual media y la producción primaria neta es sigmoidea, con una creciente producción en temperaturas de 0° a 20° C, pero con unos valores independientes por encima o por debajo de este intervalo.

La relación entre la precipitación anual y la producción primaria neta presenta una típica curva de saturación, tendiendo hacia una asíntota de unos 2500 g / m^2 / año en una pluviosidad de 2000 mm / año.

Los cálculos de producción para varias regiones del mundo basándose en el clima concluyen que una elevada producción se predice en áreas de gran pluviosidad del Ecuador; la producción disminuye en las latitudes intermedias, donde la temperatura es todavía bastante elevada pero la pluviosidad es escasa. En latitudes menores de 40°, la distribución de las lluvias es un factor importante, mientras que a latitudes superiores a 40° la temperatura es más importante.

 A grandes rasgos, la distribución de la producción está fuertemente relacionada con la distribución del clima global. Pero en un mismo clima existen variables que pueden contribuir a desigualdades en la producción primaria por lo tanto no pueden plantearse generalizaciones simplificadoras.

Como el ambiente es multifactorial, en un mismo clima variable como la exposición del lugar respecto al sol y el tipo de suelo pueden contribuir a desigualdades en la producción primaria.

En muchos ecosistemas los nutrientes del suelo pueden actuar como limitantes directos de la producción primaria. Los nutrientes que ejercen una influencia más importante son el nitrógeno y el fósforo. Su liberación de la materia orgánica en descomposición se correlaciona a menudo con la productividad de las plantas. Probablemente no existe ningún sistema agrícola que no responda a la aplicación de nitrógeno con un incremento de la producción primaria.

El efecto de los herbívoros sobre la producción primaria se conoce muy poco, a pesar de la enorme importancia en la agricultura. Generalmente se considera que los efectos de los herbívoros sobre la producción primaria deben ser perjudiciales, aunque muchas veces no es cierto. El pastoreo de las manadas de ungulados en el Parque Nacional de Serengueti puede imprimir un marcada efecto estimulante en la producción de los órganos aéreos, reconvirtiendo un prado senescente, característico de después de la floración, en un pasto de crecimiento activo. El consumo por parte de los herbívoros representa un estímulo para la producción hasta un cierto nivel. Si se sobrepasa una intensidad óptima de pastoreo, entonces la producción primaria disminuye.

Diferencias bioquímicas. La producción depende de la ganancia fotosintética y se ha encontrado que ciertas especies no arbóreas que crecen en zonas tropicales fijan C más eficientemente (un mecanismo que aumenta el gradiente de difusión del CO_2 logrando una mayor absorción sin perder más agua), lo que da lugar a que la productividad de estas plantas sea mayor. La ruta bioquímica más eficiente en cuanto a la fijación de C es la del ciclo del ácido C_4-dicarboxilo, las plantas C_4 sintetizan estos ácidos y no muestran respiración a la luz (fotorespiración) por un acoplamiento interno de asimilación y respiración. Es como si dichas plantas vivieran en una atmósfera con una concentración de CO_2 entre vez y media y 2 veces la normal. Son plantas muy productivas: maíz, caña, millo. La productividad de estos cultivos puede llegar a $5 gC/m^2/día$. Están adaptadas a climas cálidos, secos. Las elevadas temperaturas y escasez de agua exigen que la planta gaste en respiración una proporción mayor de su energía de PPB, aunque las plantas C_4 superan la restricción de estos ambientes. No alcanzan los niveles de saturación luminosa ni siquiera bajo la luz solar más brillante y siempre producen mayor cantidad sintetizada por unidad de superficie foliar que las plantas C_3.

Métodos de estudio:

La producción primaria puede ser medida de 2 formas:

1. A partir de los incrementos de biomasa en un período de tiempo dado.

La medida del aumento de peso incluye técnicas que suelen requerir determinados períodos de tiempo para su medición (días, meses) así como métodos de marcaje y recogida de los órganos fotosintéticos (hojas) y leñosos (tallos, raíces, rizomas). Hay que tomar también en consideración la hojarasca producida. Este tipo de técnicas se suelen utilizar como una medida *in situ* de la producción primaria y sus variaciones a lo largo de un ciclo de crecimiento.

a) Métodos alométricos:

Se utilizan en comunidades forestales y con fines de explotación pues los silvicultores utilizan estos métodos para calcular la producción de madera. Se emplean relaciones alométricas que consideran dimensiones de los árboles como son su altura y el diámetro del tronco a nivel del pecho (DAP).

b) Método de la cosecha:

Es un método directo y relativamente sencillo, comprende la remoción de la vegetación a intervalos específicos de tiempo y el secado del material hasta peso constante.

La producción primaria medida por este tipo de técnicas representa la producción primaria neta ya que sólo mide lo que se invierte en crecimiento y no permite conocer lo que se pierde por respiración.

Por otra parte, no se tiene en cuenta la cantidad consumida por los herbívoros, existe el inconveniente de subestimar la producción neta pues hay una parte de la biomasa que se pierde por la acción de herbívoros difícil de cuantificar.

Una metodología derivada de la anterior pero que no es destructiva y que se emplea como un índice de la producción primaria consiste en el cálculo de la producción anual de la hojarasca mediante la colecta periódica en trampas de instalación relativamente fácil. Al igual que se procede con las estructuras epígeas, el material se separa en sus componentes y se obtiene el peso seco de cada una de las fracciones por separado.

La producción de raíces es una parte importante de la producción primaria. Sin embargo, la mayor parte de las mediciones de la producción primaria de los ecosistemas terrestres representan mediciones de las partes aéreas. La producción primaria por debajo del nivel del suelo puede ser igual o incluso mayor que la de las partes aéreas. Entre los métodos utilizados se encuentra la extracción de monolitos o bloques de suelo de 25 x 25 x 20 cm hasta la extensión más profunda del sistema radical.

2. A partir de las variaciones en la concentración de O_2 o CO_2 de la reacción fotosintética.

Este grupo de técnicas puede ser realizado en períodos cortos de tiempo (horas) tanto *in situ* como en el laboratorio, y consisten en la medición de la concentración de CO_2 o de O_2 al principio y al final de un período de incubación del material vegetal bajo condiciones determinadas de luz y temperatura.

a) Asimilación del CO_2:

En ecosistemas terrestres el CO_2 se mide mediante un analizador infrarrojo de gases. Estos analizadores miden el cambio en la cantidad de CO_2 contenido en un recinto cerrado de área o volumen conocido, construido con un material transparente, como plexiglass, vidrio o plástico. Se supone que el CO_2 eliminado del aire encerrado en el recinto ha sido incorporado en forma de materia orgánica durante el período de observación indicando, por tanto, la velocidad y el valor total de la actividad fotosintética. Sin embargo, al mismo tiempo que se produce la fotosíntesis también tiene lugar la actividad respiratoria y por lo tanto lo que se obtiene es una medición de la producción neta a corto plazo. Si se lleva a cabo un estudio semejante en un recipiente opaco o de noche, no habrá fotosíntesis pero sí respiración, y entonces la cantidad de CO_2 liberado en la cámara en un cierto tiempo será una medida de la cantidad e intensidad de la actividad respiratoria. Esta cifra, sumada a la que se obtuvo en el recinto transparente, puede usarse como una aproximación de la producción bruta o total.

b) Maickel

En los ecosistemas acuáticos la producción primaria se mide generalmente por el desprendimiento de O_2 en lugar de la absorción de CO_2.

3.3.3.2. Producción secundaria. Concepto. Eficiencias. Pirámides: tipos y comparación. Cadenas y tramas: ejemplos. Métodos de determinación de cadenas y tramas. Biomagnificación.

Es el proceso por el cual los heterótrofos emplean parte de la energía del alimento que consumen en nueva biomasa.

Los organismos cuyos procesos de síntesis no dependen directamente de la energía solar, sino de otros organismos, se denominan también productores secundarios.

Puesto que la producción secundaria depende de la primaria, existe una relación positiva entre estas 2 variables.

Eficiencias:

Un cierto número de cocientes se han calculado que ilustran la eficiencia con la cual la energía es transferida de un nivel trófico al siguiente nivel a través del ecosistema.

La eficiencia ecológica o eficiencia de la cadena alimentaria es el resultado de la eficiencia con que los organismos explotan sus recursos alimentarios y los convierten en biomasa disponible para el próximo nivel trófico.

Hay varias categorías:

1. Eficiencia de consumo, aprovechamiento o explotación:

EC = In/Pn – 1 x 100

Es el porcentaje de la producción neta disponible en un nivel trófico (Pn – 1) que es ingerido por el nivel superior (In). Mide la presión relativa de cada nivel trófico sobre el situado por debajo de él.

¿De qué depende la eficiencia de consumo?

-Las poblaciones de herbívoros pueden estar limitadas por depredadores o por escasez periódica del alimento.

-Defensas físicas (espinas, grosor de las hojas, pelos epidérmicos que atrapan insectos e impiden el ramoneo de los vertebrados herbívoros) y químicas (productos metabólicos secundarios, subproductos que se acumulan como alcaloides, terpenos, taninos, resinas). Por ejemplo el contenido de taninos de las hojas de roble provoca una disminución en la tasa de crecimiento de las larvas de una plaga debido a la formación de complejos proteínas-taninos que no se digieren fácilmente.

-La calidad del alimento más que la cantidad puede ser un factor limitante. Para los herbívoros, la cantidad de alimento no es crítica (usualmente hay bastante biomasa vegetal disponible), sino la calidad.

2. Eficiencia de asimilación: la más utilizada y la más fácil de calcular:

$$EA = An/In \times 100$$

Mide la eficiencia del consumidor en extraer energía del alimento consumido (In) para crecimiento y reproducción (An). Se relaciona con la calidad del alimento y la efectividad de la digestión.

Es el % de energía que es asimilada y queda disponible para su incorporación al crecimiento y reproducción o que es utilizada para efectuar un trabajo. El resto se pierde en las heces y pasa a la base del sistema de descomponedores.

La EA es típicamente baja en los herbívoros, detritívoros y microbívoros (20 –50%), y elevada en los carnívoros (alrededor de un 80%). En general, los animales están mal equipados para utilizar la materia orgánica muerta (principalmente material vegetal) y la vegetación viva, en parte debido a la presencia de defensas físicas y químicas en las plantas, pero sobre todo como consecuencia de la celulosa y la lignina. En aquellos animales que presentan una microbiota intestinal simbiótica que produce celulasa se facilita la asimilación de la materia orgánica vegetal.

3. Eficiencia de producción:

$$EP = Pn/An \times 100$$

Mide la eficiencia con la cual un consumidor convierte energía asimilada en nuevo tejido o lo que es lo mismo, en producción secundaria.

Es el % de energía asimilada (An) que es incorporada a la nueva biomasa (Pn). El resto se pierde en forma de calor respiratorio. Los productos de secreción y excreción ricos en energía, que han tomado parte en los procesos metabólicos, pueden ser considerados como producción, Pn, y quedan disponibles, como los cuerpos muertos, para los descomponedores.

Los homeotermos (endotermos), con su elevado gasto energético ocasionado por el mantenimiento de una temperatura constante, convierten en producción secundaria tan sólo aproximadamente un 2%. Los poiquilotermos (ectotermos) presentan una eficiencia mucho mayor (30-40%), al perder relativamente poca energía en calor respiratorio y convertir en producción secundaria una gran parte de lo asimilado.

Si se tuviera que señalar una cifra fácilmente recordable de eficiencia media sería de 10%. Es decir, de la energía disponible en determinado nivel trófico, sólo el 10% es utilizada en la síntesis de nueva biomasa en el nivel siguiente.

En general, sólo aproximadamente 10% de la energía consumida por un nivel es disponible para el otro.

Pirámides: tipos y comparación.

La estructura trófica de los ecosistemas puede resumirse clasificando los diversos organismos según su nivel trófico (posición que ocupa el organismo con respecto a la entrada de energía en el ecosistema) estimando la energía disponible en cada nivel, la biomasa o el número de organismos.

La transferencia de energía en una cadena alimentaria puede representarse como **pirámide de producción** en la cual los niveles tróficos se disponen en bloques cuyo tamaño es proporcional a la producción de cada nivel. En la estructura piramidal, la producción de las plantas proporciona una amplia base de la que depende una producción más reducida de los consumidores primarios, coronada por una más reducida aún de los secundarios.

La pérdida progresiva de energía en una cadena alimentaria limita considerablemente la biomasa de carnívoros del nivel superior que cualquier ecosistema puede soportar.

Este fenómeno se refleja también en la **pirámide de biomasa** y en la **pirámide de números** formulada por primera vez por el inglés Charles Elton, formó parte de una expedición a la isla de Spitsbergen y observó las relaciones alimentarias entre los habitantes de la tundra. Las pirámides de cantidades resultantes han sido denominadas, en su honor, **pirámides eltonianas**.

Tanto la pirámide de números como la de biomasa pueden invertirse. Las pirámides de números tienden a invertirse en ecosistemas como bosques, donde un árbol puede soportar muchos herbívoros. La biomasa es una medida alternativa, un árbol pesa más que sus insectos, pero también es discutible. En la red de detritos una pequeña biomasa de microorganismos soporta una biomasa mayor de microbívoros. Las pirámides de biomasa tienden a estar invertidas en los ecosistemas acuáticos donde los productores son pequeños, mientras que el tamaño del cuerpo y la duración de la vida aumentan al aumentar el nivel trófico.

Sin embargo, en ambos tipos de ecosistemas se cumple que el flujo de energía disminuye progresivamente hacia los niveles tróficos superiores.

Cadenas y tramas: ejemplos.

Hay dos tipos básicos de cadenas o tramas tróficas: la de los herbívoros con sus depredadores (sistema de ramoneadores o circuito del pastoreo) y la de los detritívoros-microbívoros junto con los descomponedores y depredadores (sistema de descomponedores o circuito de descomposición de detritos orgánicos). Las dos cadenas no están completamente aisladas una de la otra. Los detritívoros son ingeridos por pequeños carnívoros, conectándose entonces ambas cadenas. Por otra parte, los cadáveres y heces de animales que forman parte de la cadena de los herbívoros se incorporan a la cadena detrítica.

En la mayoría de los ecosistemas terrestres con su biomasa en pie elevada y relativamente baja cosecha de la PP, la cadena de detritos es dominante, a pesar de que la de herbívoros es la más obvia para nosotros: ganado, plagas de insectos.

Mucha literatura se ha generado en los últimos años donde se analiza cuantos niveles tróficos existen y por qué, como las cadenas se interconectan en redes o tramas y las relaciones entre la estructura de la red y la estabilidad de la comunidad.

Este campo presenta varios problemas; uno de ellos se relaciona con las bases de datos utilizadas. La identidad de los organismos y sus relaciones alimentarias (con datos cuantitativos) son datos difíciles de obtener y consumen mucho tiempo. Como consecuencia, las redes son incompletas. Otra cuestión es que presentan una gran variabilidad en la resolución. Por ejemplo, un depredador de la cima puede ser identificado a especie y otro puede ser "varias especies de aves piscívoras". Los hábitos alimentarios de muchos animales varían con la estación, el estadio del ciclo de vida, con su tamaño.

Por conveniencia, los animales son usualmente ligados a niveles tróficos simples. Sin embargo, en las redes de detritos por ejemplo, ácaros que han sido considerados microbívoros o detritívoros pueden también depredar nemátodos. De modo que la presencia de omnívoros es un aspecto a destacar en las redes de detritos, capaces de atacar polisacáridos estructurales por medio de celulasas, carboximetilcelulasas, xilanasas y pectinasas.

Sólo aproximadamente 1/1000 de la energía fijada por fotosíntesis llega a un consumidor terciario como un halcón. Esto explica por que las cadenas usualmente incluyen sólo 3 a 5 niveles. No hay depredadores de leones, águilas, etc. porque su biomasa es insuficiente para soportar otro nivel trófico. La limitada biomasa en la cima de una pirámide se concentra en un número pequeño de individuos relativamente espaciados dentro de su hábitat. Como resultado, los grandes depredadores son muy susceptibles a la extinción cuando sus ecosistemas son perturbados.

Algunos autores consideran que los niveles tróficos no son muy útiles y que resulta más conveniente subdividir cada nivel trófico en gremios que son grupos de especies que explotan un recurso básico común de modo semejante.

El estudio realizado por Golley (1960) sobre tres niveles tróficos de un campo abandonado en Michigan es un ejemplo clásico en la literatura ecológica de cadena trófica. El análisis de flujo de energía se limitaba a una única especie para cada nivel trófico. La cantidad total de energía consumida por cada nivel era pequeña comparada con la disponible en el nivel inmediatamente inferior. Sólo el 0.3% de la producción de las plantas era utilizado por los ratones y el 37.2% de la producción de los ratones, más la biomasa de ratones procedentes de otros lugares, era usado por las comadrejas. La energía no utilizada representaba aquellos materiales que no eran cosechados o que habían atravesado directamente el tracto digestivo y volvían al ambiente. Esta última pérdida constituía un porcentaje relativamente pequeño de la energía total no utilizada en cada nivel (0.1% hasta 1.3%).

De mayor importancia en cuanto a la energía disponible en cada eslabón de la cadena es la cantidad de producción bruta que se invierte en la respiración. En las plantas, este valor era relativamente bajo (15%), mientras que en los consumidores, ambos homeotermos y por consiguiente con una temperatura constante relativamente alta e independiente de la fluctuación ambiental, el gasto respiratorio alcanza casi el 97% de la producción bruta. Esto significa que casi toda la energía asimilada por los organismos no se almacena en biomasa y por lo tanto no es disponible para el siguiente nivel trófico.

Debido a esta drástica reducción de la energía disponible en cada nivel trófico de los consumidores, un depredador de otro depredador se verá obligado a aumentar enormemente el área de caza para obtener la energía necesaria y mantener una población viable. Golley pensó que las lechuzas, cuyos territorios de caza excedían considerablemente el área de estudio sobre la cadena trófica, eran los depredadores potenciales de las comadrejas.

Probablemente, las lechuzas pueden alimentarse tanto de ratones como de comadrejas.

Métodos de determinación de cadenas y tramas.

El método más seguro consiste en la observación directa de la clase y cantidad de alimento que los animales ingieren en condiciones naturales, pero este método no siempre es aplicable. Algunos animales son muy pequeños para poderlos observar directamente, o comen por la noche. Además, las observaciones de campo pueden ser insatisfactorias, pues nunca sabemos con certeza si hemos visto todos los eslabones de una red. A veces se practica en animales cautivos que, aunque gocen de salud, no pueden seleccionar un alimento totalmente adecuado, o idéntico al natural. Muchos datos sobre la alimentación de vertebrados se refieren a dietas ensayadas con éxito en los parques zoológicos, pero no reflejan la dieta natural. En la naturaleza pesan mucho las formas de captura del alimento que el animal ha desarrollado y perfeccionado en el curso de la evolución y la presión de competencia de otras especies.

Un método muy usado en algunos grupos como reptiles y aves, consiste en el examen del contenido intestinal. No debe olvidarse que el análisis intestinal requiere que el investigador esté bien versado en la identificación de las especies, no sólo de organismos enteros, sino de sus partes por separado.

Otra limitación es que algunos digieren el alimento muy rápidamente o lo trituran convirtiéndolo en una pulpa irreconocible, sólo los más resistentes se conservan e identifican fácilmente. Son útiles las estructuras indigeribles y muy características como las quetas de poliquetos, espículas de esponjas, escamas de peces.

Biomagnificación.

Los organismos actúan como un filtro para metales pesados y compuestos orgánicos sintéticos no biodegradables. Penetran disueltos en agua, pero una vez unidos a enzimas, los metales son removidos de la solución. Los compuestos sintéticos son muy solubles en lípidos y escasamente solubles en agua. Cuando atraviesan las membranas celulares que son lipídicas, se asocian a los lípidos, mientras que el agua pasa a la orina. Puesto que no existen mecanismos para excretar metales pesados o compuestos orgánicos sintéticos, o para metabolizarlos, se van acumulando gradualmente y producen efectos tóxicos. Cada organismo acumula una concentración de contaminante en su cuerpo que es muchas veces superior a la presente en su alimento, de modo que el próximo nivel en la cadena tendrá un alimento más contaminado y acumula el contaminante a un nivel superior. El efecto acumulador que ocurre a través de la cadena alimentaria es llamado biomagnificación.

<u>Concepto de productividad</u>

La productividad primaria o básica de un sistema ecológico, una comunidad o parte de esta se define como "**La velocidad** a que se almacena la energía por la actividad fotosintética o quimiosintética de organismos productores (principalmente las plantas verdes) en forma de sustancias orgánicas susceptibles de ser utilizadas como material alimenticio.

Importa distinguir los **cuatro pasos sucesivos** en el proceso de producción como sigue:

- La **productividad primaria bruta** es la velocidad total de la fotosíntesis incluida la materia orgánica utilizada en la respiración durante el período de medición = **Fotosíntesis total o asimilación total** y la.
- **Productividad primaria neta:** es la velocidad de almacenamiento de materia orgánica en los tejidos vegetales en **exceso** a la utilización respiratoria por parte de la planta durante el período de medición. Se designa también como "**Fotosíntesis aparente** o *asimilación neta* ".
- La **productividad neta de la comunidad** es la proporción de almacenamiento de materia orgánica no utilizada por los *heterótrofos* durante el período considerado.
- Finalmente, las proporciones de almacenamiento de energía a los niveles de los consumidores se designa como **productividad secundaria.**

3.3.3.3. Área, Hábitat. Nicho ecológico. Conceptos. Relación entre nicho y factores limitantes.

Área de una especie: es su rango geográfico, su distribución en el espacio y puede ser graficado en un mapa.

Hábitat

Término empleado para referirse al lugar donde vive un organismo, donde iríamos para encontrarlo: el hueco de un árbol, bajo una piedra, una cueva, las horquetas de las ramas, el interior de una mata de pasto, la base de las hojas de un clavel del aire.

El lugar incluye la unidad de relieve (una hondonada, una cumbre, un pantano), el organismo soporte (la mata de pasto, el tronco podrido), el microclima, el suelo, y el resto de los seres vivos. Un hábitat fundamental en el bosque es por ejemplo, un tronco podrido sobre el suelo donde viven insectos y hongos comedores de madera. Otro es un árbol viejo en pie con troncos semipodridos donde cavan sus nidos las lechuzas y come larvas de insectos el pájaro carpintero.

El hábitat es el lugar en el que vive un animal como por ejemplo el bosque, el desierto, etc.

El nicho ecológico por su parte supone añadirle a lo anterior otros matices como la alimentación que tiene, etc.

Es el concepto introducido por el nicho ecológico el que permite a varias especies de animales convivir en el mismo espacio sin mantener una competencia entre ellos.

El problema surge cuando los recursos son limitados y se produce una competencia por su control. En esta situación existen dos posibilidades, una la competición estricta entre los dos animales y por otro lado la búsqueda y adaptación a un nuevo nicho por parte de uno de ellos.

Se llama hábitat al lugar donde vive una especie (plantas o animales), por ejemplo una laguna, cuevas de montaña, intestino de cucaracha o zonas costeras.

Nicho ecológico

Se define como la región con todos esos rasgos que es ocupada por una especie determinada. Algunos rasgos ambientales del nicho ecológico de una especie se conocen colectivamente como su hábitat.

Dentro de cada hábitat, los organismos ocupan distintos nichos. Un nicho es el papel funcional que desempeña una especie en una comunidad, es decir, su ocupación o modo de ganarse la vida. Por ejemplo, el cándelo oliváceo vive en un hábitat de bosque de hoja caduca. Su nicho, en parte, es alimentarse de insectos del follaje. Cuanto más estratificada esté una comunidad, en más nichos adicionales estará dividido su hábitat.

Son las condiciones ambientales, determinadas por todos los rasgos del ambiente, dentro de las cuales o en las cuales los miembros de una especie pueden sobrevivir o reproducirse. Los rasgos ambientales pueden incluir la temperatura, la vegetación, el aporte de comida y si el medio es terrestre o acuático. Cada rasgo del ambiente, como la temperatura, debe mantener unas determinadas condiciones para que los miembros de una especie puedan vivir. Por ejemplo, en el caso del aporte de comida de un ave que se alimente de semillas, las semillas deben tener un determinado tamaño para que el ave pueda comerlas.

De acuerdo con la teoría ecológica de la influencia, cada especie tiene su propio nicho, y la competencia entre las especies evita que una especie se expanda al nicho de especies vecinas. Por ejemplo, en los bosques de hoja ancha de Inglaterra viven tres especies emparentadas de aves: el herrerillo común *(Parus caeruleus)*, el carbonero palustre *(Parus palustris)* y el carbonero común *(Parus major)*. El herrerillo común es pequeño y se alimenta de orugas de menos de 2 mm en la parte alta de los robles; el carbonero común es más grande y se alimenta principalmente en el suelo de semillas y de insectos de más de 6 mm de longitud.

La cantidad de nichos de un ecosistema determina el número de especies que hay en él (es decir, su biodiversidad). La destrucción de los nichos debido, por ejemplo, a la destrucción del hábitat o a la extinción de las especies que sirven de alimento, reduce la biodiversidad.

Se denomina así a la estrategia de supervivencia utilizada por una especie, que incluye la forma de alimentarse, de competir con otras, de cazar, de evitar ser comida. En otras palabras, es la función, "profesión" u "oficio" que cumple una especie animal o vegetal dentro del ecosistema.

Se refiere no sólo al espacio físico ocupado por un organismo (nicho espacial o de hábitat), sino también a su papel funcional en la comunidad (nicho trófico) y a su posición en los gradientes ambientales de temperatura, humedad, pH, suelos, etc. (nicho multidimensional o de hipervolumen).

El nicho ecológico de un organismo depende de dónde vive, de lo que hace (como transforma la energía, se comporta, reacciona a su medio físico y biótico y lo transforma), y de cómo es influenciado por las otras especies.

El papel que desempeñan los individuos de una especie es único en cualquier ecosistema dado. En ecosistemas semejantes, se pueden reconocer las mismas "profesiones": polinizadores, fotosintetizadores, carroñeros, distribuidores de semillas, descomponedores de materia orgánica.

Cuando el nicho de dos especies corresponde a roles funcionales similares en un mismo ecosistema se desencadenará el fenómeno que se llama de competencia interespecífica, hasta que una especie pase a ser la dominante o elimine a su competidora.

Una forma en que se produce el desequilibrio en ecosistemas naturales, es debida a la introducción de especies animales o vegetales exóticas. En muchos casos, estas especies introducidas entran en competencia (lucha por ocupar un mismo nicho ecológico) con las especies autóctonas; esto genera un proceso de desplazamiento de estas últimas y en muchos casos la nueva especie (exótica) se convierte en plaga, afectando seriamente el ecosistema y repercutiendo también en las actividades socioeconómicas.

IV. CICLOS BIOGEOQUÍMICOS

4.1. Introducción

Los ecosistemas reciben un flujo continuo de energía solar, pero los elementos químicos están en cantidades limitadas, por lo tanto la vida depende del reciclaje de estos elementos esenciales. El ciclo interno se inserta dentro del ciclo biogeoquímico a mayor escala. Es por ello que se analizará en primer lugar el ciclo que se relaciona con la descomposición de la materia orgánica.

La descomposición de la materia orgánica y la regeneración de nutrientes.

Hojarasca: cosa inútil y de poca sustancia, especialmente en las palabras y promesas (Enciclopedia Salvat).

El movimiento de energía y nutrientes a través del ecosistema sigue una ruta que comienza con la fotosíntesis y termina con la descomposición de la materia orgánica. A medida que transcurre la descomposición de la materia orgánica, los elementos químicos se liberan de nuevo al ambiente en estado inorgánico donde son reabsorbidos por los productores. Una molécula de fósforo puede ser tomada por la raíz de una planta utilizada en una hoja, ingerida por un saltamontes que muere, y liberada por la descomposición para reincorporarse al suelo. Mientras que el flujo de energía se sostiene por un suplemento de energía solar sin fin, el ciclo de nutrientes es conservativo, con elementos químicos provenientes de *pools* finitos.

La descomposición es la desintegración (oxidación) de materia orgánica muerta rica en energía a CO_2, H_2O y nutrientes inorgánicos como sulfatos, fosfatos, nitratos.

El carbono de los residuos vegetales es oxidado a CO_2 como consecuencia de la respiración de los microorganismos, animales edáficos, raíces. Mientras la fotosíntesis involucra la incorporación de energía solar, CO_2, H_2O y nutrientes inorgánicos en biomasa orgánica, la descomposición involucra la liberación de energía y la conversión de nutrientes orgánicos en inorgánicos.

Factores bióticos y abióticos que intervienen en la descomposición.

Es un proceso que involucra a una gran diversidad de organismos interconectados en redes alimentarias muy complejas y donde también intervienen factores abióticos.

Los organismos pertenecen a varios grupos:

Microbiota: bacterias y hongos. Las bacterias pueden ser aerobias o anaerobias, y dentro de las anaerobias las facultativas y las obligadas.

Las bacterias son los descomponedores dominantes en el material animal, mientras que los hongos son los dominantes en material vegetal.

Entre los grupos de invertebrados: Se clasifican por sus dimensiones y hábitos alimentarios (grupos funcionales). Suelen clasificarse por su anchura corporal en microfauna, mesofauna, macrofauna, y megafauna. Por otra parte están los microbívoros que se alimentan de bacterias y hongos como colémbolos, nemátodos, ácaros. Debido a que las formas de mayor tamaño se alimentan de microflora y detritos, los microbívoros son difíciles de separar de los detritívoros. Cuanto mayor es el animal, menos capaz es de distinguir entre la microbiota y el detrito sobre el que crece dicha microbiota.

Los procesos degradativos pueden comenzar mientras las hojas están aún en la planta. Las hojas vivas producen exudados que soportan una abundante microbiota. No obstante, la mayor descomposición no tiene lugar hasta que la vegetación muerta entra en contacto con el suelo.

Una vez en el suelo, la hojarasca, mantillo o litera está sujeta al ataque por otras bacterias y hongos, particularmente los últimos. Entre los primeros en invadir el material están los hongos sacarolíticos como *Penicillium* y *Mucor* que utilizan los compuestos orgánicos que se descomponen fácilmente (carbohidratos simples).

Cuando la glucosa es procesada por estos hongos, los detritos son invadidos por otros hongos que utilizan carbohidratos más complejos, hemicelulosa y celulosa. Las celulosas (que representan más de la mitad de los residuos de C), las hemicelulosas (que representan una tercera parte) y la lignina, son los componentes más abundantes de dichos residuos vegetales. La descomposición de la celulosa puede ser realizada por un gran número de especies de hongos celulolíticos, por ejemplo, *Aspergillus*, *Trichoderma*, *Fusarium, Sporotricum, Agaricus, Curvularia* y *Chaetomium*.

Los productos más resistentes a la descomposición terminan en humus. Es una sustancia oscura, a menudo amarillo parduzca, amorfa o coloidal. Los ácidos húmicos son básicamente polímeros complejos de sustancias fenólicas, los fenoles que entran en su composición pueden proceder de alguna sustancia flavonoides existente en los restos vegetales, o bien de la descomposición de la lignina o quizás también de la síntesis microbiana. El humus se incorpora a la estructura del suelo, brinda cohesión a los agregados de partículas orgánicas y minerales. La estructura y composición del humus tipifica cada ecosistema.

El acceso de los detritos a la microflora es facilitado por detritívoros que abren orificios y fragmentan las hojas y otro tipo de material orgánico en partículas más pequeñas. La acción de tales animales como ácaros, diplópodos y lombrices puede incrementar el área de los detritos expuestos a la acción de las exoenzimas segregadas por los microorganismos hasta 15 veces. La fragmentación mecánica de la litera se hace por animales y esta actividad no puede suplantarse por ningún otro grupo de organismos, por eso los ritmos de la maceración dependen del nivel de densidad de las poblaciones y de la estructura trófica de la comunidad. El viento y las precipitaciones ayudan a este proceso de fragmentación.

La descomposición de la materia de origen animal es un proceso más directo. La descomposición es llevada a cabo por bacterias principalmente, y por ciertos insectos como dípteros de las familias Calliphoridae y Muscidae.

A diferencia de los cuerpos de animales muertos, el material fecal representa un sustrato ya bastante descompuesto. Sin embargo, las heces de herbívoros ramoneadores grandes contienen materia orgánica parcialmente digerida que suministra recursos ricos para detritívoros especializados además de bacterias y hongos. Entre ellos hay muchas especies de moscas que depositan sus huevos en las heces que sirven de alimento a las larvas. Los escarabajos peloteros forman una pelota con las heces en la cual depositan los huevos, la acarrean a cierta distancia, cavan un hueco y lo entierran como suplemento de alimento para las larvas.

La tasa de descomposición está influida por factores abióticos (particularmente los regímenes de temperatura y precipitación). En condiciones de clima frío el proceso dura años. Se necesita un período de más de nueve años para que las agujas de *Pinus sylvestris* estén suficientemente descompuestas como para no ser ya reconocibles. Los fuegos de sabanas y de bosques son "desintegradores" de detritos y liberan grandes cantidades de CO_2 y otros gases en la atmósfera y minerales al suelo.

Las propiedades físico-químicas de las especies de plantas que forman la hojarasca tienen mucha influencia. La relación C/N se ha considerado como un índice de la calidad de la hojarasca que permite predecir parcialmente la descomposición.

Los restos que contienen una elevada concentración de lignina se descomponen más lentamente que aquellos con baja concentración. Se ha sugerido que el % de lignina es un buen predictor de las tasas de descomposición. Los polifenoles también pueden retardar la descomposición y la liberación de nitrógeno al unirse a compuestos que contienen nitrógeno en el material vegetal, formando complejos resistentes.

El grado de esclerofilia también influye. La esclerofilia de las hojas, la cutícula gruesa y las ceras superficiales pueden prevenir la lixiviación de compuestos y reducir la invasión de los hongos.

Los organismos descomponedores y detritívoros, como todos los seres vivos, tienen requerimientos de nutrientes que obtienen mediante la digestión de materia orgánica muerta rica en energía. Por un tiempo estos organismos conservan esos nutrientes en su biomasa. Mientras estos organismos viven, esos nutrientes no están disponibles para el reciclaje. Esta incorporación y acumulación de nutrientes en biomasa viva se conoce como inmovilización de nutrientes. La inmovilización de nutrientes permite su liberación gradual, haciéndolos disponibles para las plantas.

Eficiencia en el uso de nutrientes.

El ciclo de nutrientes en ecosistemas tropicales y templados difiere debido a los efectos del clima sobre la descomposición de detritos. La intensa meteorización y pobre capacidad de intercambio catiónico en muchos suelos tropicales resulta en una fertilidad relativamente baja. El material orgánico muerto se descompone rápidamente en los trópicos y no forma un reservorio sustancial de nutrientes como en regiones templadas. Pero la rápida regeneración de nutrientes a partir de detritos en condiciones húmedas y cálidas y una eficiente retención soporta una alta productividad. Esta retención se debe a la densa masa de raíces superficiales y hongos asociados, cercana a la superficie y extendiéndose a los troncos de los árboles para interceptar nutrientes que se lavan del dosel. Entre el 68% y 85% de la biomasa de raíces en selvas de África se concentran en los primeros 25 a 30 cm del suelo. La aplicación de compuestos marcados muestra que los nutrientes regenerados por la lixiviación y descomposición de detritos son interceptados en la estera radical antes de que penetren en el suelo mineral y sean lixiviados fuera del sistema. Otro mecanismo importante es la simbiosis con hongos micorrízicos que permiten el paso de los nutrientes resultantes de la descomposición directamente a las raíces o sea, en sistemas tropicales típicos la mayoría de los nutrientes están en la biomasa viva y los elementos se regeneran y asimilan muy rápidamente. Esto tiene importantes aplicaciones para la agricultura tropical. Se ha tratado de establecer la agricultura en áreas originalmente ocupadas por bosques sin conocer las peculiaridades de algunos suelos tropicales. La vegetación que sustituye a la original no posee los mecanismos de conservación de nutrientes.

Métodos de estudio.

Lo que interesa en general es determinar la pérdida del material en términos de los cambios temporales de su peso seco. La descomposición es proporcional a la pérdida de peso. Suele estudiarse conjuntamente la mineralización y liberación de nutrientes.

- Áreas pares
- Bolsas de malla

Áreas pares: Este método permite conocer la cantidad de hojarasca acumulada en el piso del bosque y la producción o caída en cada muestreo.

Requisitos:

- La tasa de descomposición para ambos cuadrantes es la misma.
- La composición de la hojarasca y su biomasa también son idénticas.
- No se daña el material durante el período de estudio.

Bolsas de malla: Este método ofrece la posibilidad de medir la importancia de los detritívoros en la descomposición de la hojarasca. Suelen diseñarse estudios con organismos de grandes y pequeñas dimensiones, para lo cual deben utilizarse bolsas con diferentes tamaños de poro. Estos estudios indican un amplio espectro de impacto faunístico sobre las tasas de descomposición. En el caso de los micro artrópodos, desde valores que no difieren significativamente con o sin ellos, hasta una contribución de aproximadamente 70%. Los efectos pueden variar cuando el mismo tipo de litera se estudia en diferentes años, o cuando los sustratos son colocados en diferentes micro hábitats o tipos de suelo. Además, los micro artrópodos son más importantes en la descomposición de sustratos recalcitrantes que en materiales fácilmente degradables.

Este método permite además determinar la concentración de nutrientes y seguir su dinámica.

Desventajas del método de las bolsas: El problema principal radica en que el material en la bolsa está aislado parcialmente de las condiciones naturales en las cuales ocurre la descomposición. La humedad es relativamente distinta dentro y fuera de la bolsa no sólo porque se inhibe parcialmente el flujo de agua a través de la malla, sino por la misma disposición agregada y en paquete de las hojas.

Por otra parte, las hojas en condiciones naturales en el suelo se encuentran mezcladas en proporciones que pueden variar en el espacio y en el tiempo, y no congregadas en un arreglo hecho en una bolsa. Por consiguiente, se trata de condiciones seminaturales.

No obstante, el uso de las bolsas de malla se ha convertido en un método confiable, práctico y accesible, muy popular entre los investigadores.

El coeficiente de descomposición se obtiene ajustando los datos de pérdida de peso a la función exponencial negativa o también llamado modelo exponencial de Olson (1963):

$$N_t = No\ e^{-kt}$$

k es la constante de descomposición (se calcula generalmente sobre bases anuales)

N_t es la cantidad de material remanente después del tiempo t

No es el peso inicial

e- es la base del logaritmo natural = constante exponencial = 2.718 ó ln (N_t/N_o) = - kt

Para calcular k se hace una regresión lineal de ln (N_t/N_o) vs. Tiempo (variable independiente).

El coeficiente k es una medida de la actividad de descomposición del ecosistema. Cuanto mayor sea el valor de k, mayor es la actividad de los descomponedores y más rápidamente se descompone la hojarasca.

En bosques tropicales húmedos, k es grande y hay poca acumulación en relación con la producción. En los bosques templados de coníferas, la acumulación de hojarasca es considerable a pesar de la poca producción de hojas. Estos bosques se desarrollan en climas más fríos, donde el metabolismo de los descomponedores se ve a menudo limitado por la temperatura y las acículas de pino son sustratos relativamente desfavorables para las poblaciones de descomponedores, lo cual influye directamente en la k.

4.2. Clasificación.

Los intercambios biológicos de nutrientes interactúan con los intercambios físicos y químicos y, por esta razón, los ciclos de nutrientes a mayor escala se llaman también ciclos biogeoquímicos.

Se clasifican en:

Gaseosos o globales: C, O_2, N. Implican intercambios entre la atmósfera y el ecosistema. Por ejemplo: algunos átomos de C y O_2 que la planta adquiere de la atmósfera como CO_2 pueden haber sido liberados por la respiración de un animal en un punto distante. El ciclo del nitrógeno es un buen ejemplo de ciclo global. El nitrógeno gaseoso es el elemento más abundante en la atmósfera y el N_2 atmosférico representa un gran reservorio para los organismos fijadores de nitrógeno.

Sedimentarios o locales: Operan dentro de un ecosistema. Se refieren a la transferencia de elementos entre el suelo y el agua y su regreso al suelo. El reservorio principal es la litosfera, de la cual se liberan los elementos por la acción atmosférica. El suelo es el principal reservorio abiótico de estos elementos (P, K, Ca, Mg) que son absorbidos por las raíces y retornan al suelo por medio de los descomponedores.

V. BIODIVERSIDAD

5.1. El concepto de biodiversidad

La magnitud de la variación biológica sobre la tierra se llama "Biodiversidad", en los 90's del pasado siglo este concepto fue de gran relevancia en ciencia y en política. En tan solo 6 años la palabra biodiversidad a explotado en el vocabulario de la prensa popular, reportes de gobierno e intergubernamentales, artículos científicos y reuniones de diversa índole. En la literatura científica el crecimiento en el uso del término ha sido dramático (de 0 citas en 1988 hasta 888 citas en títulos en 1994). Parece razonable preguntar de una palabra tan ampliamente usada que es exactamente lo que significa.

La biodiversidad es uno de los elementos más importantes para la vida. La diversidad biológica es la variedad de formas de vida y adaptaciones de los organismos al ambiente que encontramos en la biosfera.

Los organismos que han habitado la Tierra desde la aparición de la vida hasta la actualidad han sido muy variados. Los seres vivos han ido evolucionando continuamente, formándose nuevas especies a la vez que otras iban extinguiéndose.

Los distintos seres vivos que pueblan nuestro planeta en la actualidad son el resultado de este proceso de evolución y diversificación unido a la extinción de millones de especies. Se calcula que solo sobreviven en la actualidad alrededor del 1 % de las especies que alguna vez han habitado la Tierra. El proceso de extinción es, por tanto, algo natural, pero los cambios que los humanos estamos provocando en el ambiente en los últimos siglos, están acelerando muy peligrosamente el ritmo de extinción de las especies. Se está disminuyendo de forma alarmante la biodiversidad.

5.2. Dimensiones de la Diversidad.

La diversidad se estudia en tres dimensiones:

Diversidad genética (suma de información genética)

Diversidad de especies: (la variedad de especies del planeta, estimada entre 5 – 50 millones, aunque solamente se han descrito 1,4 millones)

Diversidad de ecosistemas: (variedad de hábitats, comunidades, procesos ecológicos en la biosfera y la diversidad dentro de un ecosistema en términos de diferencia de hábitats y procesos ecológicos, ciclos de nutrientes dentro del ecosistema, además de agua, oxigeno, bióxido de carbono metano etc.)

Es necesario mantener la diversidad biológica, para mantener un adecuado y armónico funcionamiento de los ecosistemas y para la preservación de un auténtico banco genético.

Entre las causas de pérdida de la biodiversidad se encuentran:

- Tala y quema de bosques.
- Pérdida y fragmentación del hábitat natural.
- Contaminación ambiental.
- Destrucción de ecosistemas marinos (arrecifes de coral y manglares).
- Sobre pastoreo y sobre cultivo, así como la caza indiscriminada.

5.3. Calculo de la Biodiversidad.

Es de esperarse razonablemente que algún tipo de medida de eso que llamamos biodiversidad y que usamos en gráficas o análisis estadísticos responda a alguna(s) interrogantes. En particular deseamos saber si una especie (O POBLACION O COMUNIDAD) es más o menos diversa que otra. Hasta que no hayamos decidido cómo medir la biodiversidad no podemos contestar seriamente y científicamente diversas cuestiones.

Para calcular la biodiversidad de dos ecosistemas diferentes mediante distintos índices para analizar sus posibilidades, interpretación y aplicación se deben calcular los índices siguientes:

–Índice de riqueza de especies de una comunidad o ecosistema:

- Número de especies/área (S/m² o S/ha)
- Número de especies/1000 individuos.

–Índice de dominancia de Simpson (D) y de biodiversidad:

- Donde:

- Ni: Número de individuos, biomasa u otra expresión de importancia
- N: Valor total de la población

$$D = \sum (Ni/N)^2$$

Biodiversidad = 1 - D

–Índice de Shanon (H)

$$H = \sum (Ni/N)\ Log\ (Ni/N)$$

–Índice de equidad de Shanon (J):

$$J = H/Hmax$$

Donde Hmax = logs

El Convenio sobre Diversidad Biológica, suscrito en junio de 1992 en ocasión de la Conferencia de Naciones Unidas sobre Medio Ambiente y Desarrollo celebrada en Río de Janeiro (Brasil), también conocida como Cumbre de la Tierra o "Eco Río", define biodiversidad como "la variabilidad de organismos vivos de cualquier fuente, incluidos, entre otras cosas, los ecosistemas terrestres, marinos y otros ecosistemas acuáticos y los complejos ecológicos de los que forman parte, comprende la diversidad dentro de cada especie, entre las especies y de los ecosistemas".

Según distintas fuentes, al menos 1.750.000 especies de seres vivos, conforman el stock de diversidad genética con que cuenta el planeta (Evia y Gudynas. 2000; Altieri. 1992). Un buen ejemplo lo constituyen las plantas medicinales. Estimadas entre 25.000 y 75.000 especies, muchas de ellas son empleadas en la fabricación de medicinas tradicionales. Sin embargo, la posibilidad de seguir utilizando este recurso está siendo amenazada por el avance de un modelo de desarrollo que provoca la extinción de miles de especies, la desaparición de espacios naturales, la pérdida de conocimientos tradicionales y la apropiación de especies por parte de las multinacionales farmacéuticas (Vicente. 1994; Martínez Alier. 1995).

5.4. Medida de la diversidad

El tamaño del área considerada tiene un impacto sobre cómo se ha de medir la diversidad (diversidad de especies en particular)

La diversidad de especies en un lugar determinado, por ejemplo en un bosque en la orilla de un río, es diferente la diversidad de especies de las diferentes comunidades que se encuentran a través del valle del río

La diversidad de especies en un lugar determinado es generalmente denominada *diversidad alfa.* Esta es simplemente la variedad de especies en un área relativamente pequeña de una comunidad.

La diversidad de especies a través de comunidades o hábitats (la variedad de especies de un lugar a otro) es denominada *diversidad beta*. Aun a gran escala existe la *diversidad gamma*

La diferencia entre los tres tipos de diversidad puede ser ilustrada en un transecto hipotético de cinco Km.

Es posible medir la diversidad alfa en cualquier lugar a través del transecto, por ejemplo mediante el conteo del número de especies dentro de 10^2 m. en un punto específico. Una medida de la diversidad *beta*, en contraste, incluye al menos dos puntos a lo largo del transecto en hábitats diferentes pero adyacentes.

Si la conformación de especies de los dos lugares es muy diferente, la diversidad *beta* es alta; si la conformación de especies cambia poco entre los dos hábitats la diversidad *beta* es baja.

Una medida de la diversidad *gamma* es hecha a lo largo del transecto completo, tomando en cuenta tanto el número de especies, como la variación de su distribución.

5.5. Biodiversidad y agricultura ecológica

Por su parte, la agricultura moderna implica la simplificación de la estructura ambiental de vastas áreas, remplazando la biodiversidad natural con un pequeño número de plantas cultivadas y animales domesticados. Los paisajes agrícolas mundiales están dominados tan solo por unas 12 especies de cultivos de grano, 23 especies de cultivos hortícolas y cerca de 35 especies de árboles productores de frutas y nueces. Esto contrasta fuertemente con las más de 100 especies de árboles que se pueden encontrar en una sola hectárea de bosque tropical (Altieri. 1992).

Históricamente, la diversidad en la agricultura ha demostrado ser una vía para proteger a los agricultores de plagas y enfermedades. Por el contrario, el camino de la especialización y el monocultivo provocan el aumento de la contaminación por uso de agrotóxicos y fertilizantes y la degradación de los recursos naturales. Como consecuencia se asiste a un proceso acelerado de "erosión genética" de las especies cultivadas, que ocurre por la sustitución de variedades, de gran diversidad y adaptación por cultivares denominados "modernos", obtenidos a través de la manipulación y selección del material genético.

Diversos trabajos muestran como la Agricultura Urbana desarrollada en la Región es mayoritariamente ecológica. Estudios recientes en varias ciudades de América Latina "indicaron que la AU practicada es ante todo biológica y recurre únicamente en forma excepcional a pesticidas o fertilizantes químicos, porque está practicada por los pobres que no tienen acceso a esos" (Cabannes y Dubbeling. 2002). Asimismo, el carácter ecológico de la AU no solo es parte de las estrategias seguidas por los más pobres. Algunos gobiernos también promueven la AU orgánica como lo demuestran los lineamientos para la AU desarrollados por el Grupo Nacional de Agricultura Urbana del Ministerio de Agricultura de Cuba que incorpora como parte de su programa de AU "la formación de una conciencia agroecológica de conservación del ambiente junto a altas producciones de calidad " (Grupo Nacional de Agricultura Urbana. 2001).

5.6. Biodiversidad y ciudad

Las ciudades modernas afectan fuertemente su entorno natural y la biodiversidad de sus áreas vecinas, agotando muchos recursos para abastecerse de alimentos, materiales y energía; depositando sus residuos sólidos y vertiendo sus aguas contaminadas en áreas agrícolas o naturales. La "huella urbana" o "huella ecológica" contribuye significativamente a la pérdida de biodiversidad.

En numerosos países existen enfoques que intentan revertir, desde las propias ciudades, estos procesos, considerando por ejemplo a cualquier espacio verde de la ciudad (parques y jardines, arbolado) como un lugar de conservación de la biodiversidad. En Australia, un jardín urbano especialmente diseñado para crear hábitat para especies silvestres albergaba 140 especies animales diferentes en 700 metros cuadrados (Gardenin Australia. 1999). En el Reino Unido los jardines domésticos tienen un potencial importante en el soporte de la biodiversidad urbana, ya que abarcan más del 60 % del área urbana en las zonas residenciales (The bug Project. 2000).

Para que la ciudad promueva la biodiversidad es necesario un manejo ecológico sustentable de sus espacios verdes y su agricultura. La AU ecológica también ha sido propuesta como una forma de mitigar el proceso de pérdida de biodiversidad, incluyendo el cultivo de plantas, cría de ganado o acuacultura en los asentamientos humanos. Al mejorar el suelo por el agregado de materia orgánica, se mejora la multiplicación de los microorganismos, la repoblación de insectos y polinizadores, favoreciéndose la presencia de aves y diversificándose las especies y el número de plantas (FAO. 1999; Bakker y otros. 2000.

Smit. 2000). La diversidad genética también contribuye a la resiliencia de los ecosistemas. Una base genética amplia aporta a que los cultivos y animales se adapten a condiciones variadas, un punto vital para los más pobres que no pueden acceder a agroquímicos para proteger sus cultivos de plagas y enfermedades..

En la ciudad de Porto Alegre (Brasil) capital del Estado de Río Grande del Sur, se viene desarrollando una interesante política de forestación urbana que incorpora especies nativas y árboles frutales. En dicha ciudad los árboles nativos llegan al 45 % del total del ornato público, mientras que los árboles frutales nativos superan el 6 %. Como parte de esta política, el municipio promueve la plantación de corredores forestales con especies útiles para albergue y alimento de aves e insectos como la Grandiúva *(Trema michantha)*; la Canela *(Aiourea saligna)*; el Chá-de-bugre *(Casearia Sylvestris)*; el Figueira-da-folha-graúda *(Ficus enormis)* o el Chal -chal *(Allophylus edulis)* (Sanchotene. 2000). De esta forma no sólo se rescatan especies nativas y árboles frutales para el disfrute de los habitantes de las ciudades, sino que además se fomenta la biodiversidad urbana animal y vegetal.

5.7. Biodiversidad, Agricultura Urbana y Pobreza

Pero no solo se conserva la biodiversidad urbana de esa forma. Existen otras experiencias que permiten apreciar el papel que juega una AU sustentable, integrando armónicamente aspectos ambientales, económicos y sociales. En algunos casos la AU ecológica aparece como más diversificada que la agricultura moderna cultivando frecuentemente variedades de frutas y vegetales que no están disponibles a nivel comercial y que de otra forma corren serio riesgo de desaparecer (Garnett. 1996; Smit. 2000; Santandreu y otros. 2000).

Un diagnóstico realizado en barrios populares de la ciudad de Montevideo (Uruguay) identificó la presencia de numerosas especies de hortalizas, plantas medicinales y árboles frutales que no son cultivados en predios agrícolas comerciales. En estos barrios, la AU se desarrolla fundamentalmente para autoconsumo y los agricultores conservan variedades locales, cultivándolas en forma ecológica con un manejo reducido o inexistente de productos químicos para el control de plagas y enfermedades (Santandreu y otros, 2000). En el caso de las hortalizas las variedades que cultivan los agricultores urbanos se vinculan directamente con su dieta, lo que fundamenta la relación existente entre los pobres urbanos y su aporte a la conservación de biodiversidad a partir de sus prácticas de AU.

Otro estudio realizado en la misma ciudad identificó la presencia de plantas medicinales en el 48% de los hogares que realizan alguna práctica de AU. Como parte de su política en seguridad alimentaria, la política de Agricultura Urbana busca desarrollar estas y otras especies como forma de "frenar su proceso de extinción y potenciar sus diferentes usos (Grupo Nacional de Agricultura Urbana, 2001).

El rescate de estas y otras especies comestibles es realizado en los huertos urbanos de la ciudad ubicados en barrios populares y densamente poblados como Habana Vieja, la zona con mayor densidad de población de la capital cubana.

Estos ejemplos demuestran la contribución de las prácticas de AU ecológica desarrolladas por los sectores más pobres en relación a la conservación de la biodiversidad agrícola urbana.

5.7. Comentarios finales.

Si los pobres urbanos desarrollan prácticas de AU ecológica cultivando las especies y variedades más frecuentes en su dieta, sería interesante profundizar en estudios que permitan identificar en qué medida sus prácticas contribuyen a la conservación de la biodiversidad agrícola y urbana. A su vez, deberíamos investigar más en este campo para determinar qué relación tiene las variedades plantadas con la mejora de la dieta y con la calidad de vida de los sectores más pobres.

La presión por la sustitución de semillas caseras por variedades importadas es cada vez más fuerte tanto en el ámbito rural como urbano. El cultivo de semillas caseras deja fuera a las sumillerías comerciales que presionan para que los agricultores comiencen a comprar, argumentando que la semilla comprada tiene mejor calidad y rendimiento. Este proceso que puede responder a una lógica agrícola, no debe trasladarse mecánicamente a las actividades agrícolas desarrolladas en las ciudades. Se tendrá que pensar en establecer
programas de conservación e intercambio de semillas que permitan, al mismo tiempo, mejorar el acceso de los más pobres a estos.

Por otra parte, los ecosistemas urbanos se caracterizan por una alta concentración de elementos construidos y una muy baja presencia de elementos naturales, con una fuerte tendencia a la simplificación de la biodiversidad (que puede apreciarse en la plantación masiva de pocas especies de árboles para sombra, etc.). Una política de reforestación del ornato público con especies nativas y árboles frutales permitiría generara interesantes espacios de diversidad biológica en el suelo urbano.

Estudiar en profundidad las especies y variedades presentes en la AU ecológica desarrollada en ciudades de América Latina permitiría conocer su aporte a la conservación de la biodiversidad agrícola y urbana y a la seguridad alimentaria de los agricultores pobres. Asimismo, se debería abrir espacios de comercialización de especies tradicionales y facilitar el acceso de los más pobres al mercado con asistencia técnica, provisión de información y una legislación adecuada.

Por todo esto parece necesario avanzar en el diseño y promoción de mejores prácticas desde el punto de vista de la biodiversidad urbana para conocer cuáles son los métodos más efectivos, por lo que la participación activa de los agricultores urbanos y otros actores interesados en la investigación y promoción de una mejor calidad ambiental y de vida en la ciudad resulta imprescindible.

VI. GENERALIDADES SOBRE AGROECOLOGÍA.

6.1. Introducción.

La agricultura intensiva moderna se inició a escala mundial después de la **Revolución Industrial** (siglo XVIII), transformando gradualmente la actividad agropecuaria en **Agricultura Industrial,** o sea, en agricultura dependiente de la industria. Esta se expandió vigorosamente en los últimos 40 - 50 años, liderada por los Estados Unidos de América. Se caracteriza por el empleo de sistemas tecnológicos que demandan grandes insumos industriales e inversiones con un alto componente externo, principalmente de la Industria Química (fertilizantes y pesticidas); un alto consumo de energía convencional (petróleo y electricidad); un alto grado de mecanización; la concentración de la producción en "grandes empresas especializadas"; y el desarrollo del monocultivo como sistema agrícola dominante.

Además de esta modernización, del rápido crecimiento poblacional y de la demanda de alimentos, entre las reales fuerzas motrices, a escala mundial, estuvieron las necesidades creadas por la burguesía industrial, de abrir nuevas fuentes donde colocar sus productos y según varios autores tiene su etapa más acelerada después de la **Primera Guerra mundial,** cuando la "fábricas de nitrato", para la producción de pólvora, colocaron su producto en la agricultura como fertilizante.

Terminada la segunda guerra mundial, la industria petroquímica y mecánica de los EEUU utilizó al sector agrícola para vender sus productos. La llamada **revolución verde** contribuyó en el campo de la genética al afianzamiento de esta modernización mediante la obtención y difusión de variedades de altos rendimientos adaptadas a la alta utilización de insumos y a estas tecnologías de producción.

A escala mundial el desarrollo de esta forma de intensificación de la agricultura permitió un aumento sustancial del rendimiento de los cultivos y de la productividad animal, dando respuesta, en parte, al crecimiento de la población mundial, aunque a un alto costo ecológico y económico, especialmente en los países tropicales subdesarrollados.

Los ecosistemas agrícolas, se volvieron muy frágiles e inestables, propiciando un marcado incremento del potencial de plagas y enfermedades, los costos y la dependencia externa.

6.2. Consecuencias de la Agricultura Industrializada

* Desde 1981 la base territorial de la agricultura se redujo aproximadamente en un 7 % por degradación ambiental y falta de agua.
* Un tercio de la tierra agrícola del mundo ya fue alcanzada por la erosión.
* Reducción en la producción de alimentos en el mundo en un 14 % debido a los impactos de la compactación de los suelos por la mecanización.
* Por desertificación se pierden en el mundo cerca de 6 millones de hectáreas por año, igual a un área 2 veces mayor que la de Bélgica.
* La deforestación agrava el problema.
* Un estudio del banco mundial realizado en Pakistán revela que:
  1. Un tractor comprado significa la pérdida de 7.5 a 11.8 empleos en tiempo integral en el medio rural.
  2. Este mismo estudio revela: que después de la compra de un tractor, el tamaño medio de los establecimientos aumentaron en 240 % en un período de 3 años, principalmente en función de la expulsión de los arrendamientos y el número de empleos por acre cayó en un 40 %.
* Hay una dependencia de Combustibles y piezas de repuestos que representan un 80 % de energía fósil en la agricultura industrializada.
* Población Global - Crecimiento Poblacional:

La producción global de alimentos crece 1 % al año.

La población global crece 1.7 % al año.

La producción de granos por persona está aproximadamente 7 % más baja.

* La UNICEF estima que:

Hay 730 millones de personas viviendo por debajo de la línea del hambre.

Hay aumento del hambre.

* Final de la década del 70……. 1.5 millones de personas por año.

* Final de la década del 80……. 8.0 millones de personas por año.

* Según la UNESCO en el mundo en "desarrollo" cada año por lo menos 3 000 km^2 de excelentes tierras agrícolas se pierden por causa de la expansión urbana.

- En los últimos 25 años se pasó de un consumo de 14 a 125 millones de toneladas por año de Fertilizantes.

Por ejemplo 30 años atrás en el cinturón de los productores americanos, una tonelada de fertilizantes producía de 15 a 20 toneladas de granos. Hoy esa misma tonelada de fertilizantes produce solamente de 5 a 10 toneladas de granos.

- Entre 1971 y 1976 en América Central se produjeron más de 19 000 envenenamientos humanos por pesticidas.

- Varias estadísticas muestran que el 62 % de las familias rurales de la región vivían bajo el límite de pobreza, llegando a un 65 % en Ecuador, 67 % en Colombia, 68 % en Perú y el 73 % en Haití. Desde 1950, el tamaño promedio del predio sub. familiar ha disminuido a una tasa anual de 0. 4 %.

- De acuerdo a lo recogido en la estrategia nacional en el Ecuador del PPD, 2005, el país aún tiene el 39.1% de bosque natural, pero deforesta 189.000 hectáreas por año según el último informe de la FAO (1997). Esto equivale al 1.6% en relación al total del área forestal. El mayor índice de deforestación de los 5 países andinos. Los índices de reforestación y restauración de paisajes forestales son, comparativamente muy inferiores.

- También se menciona que en el Ecuador, los índices más altos de deforestación se encuentran en la región amazónica debidos principalmente a las actividades petroleras, la construcción de vías de penetración y la consecuente migración y ampliación de la frontera agrícola debido a la misma actividad. Se estima que hacia 1990 se habían construido unos 500 kilómetros de caminos para la explotación petrolera, lo cual llevó a la colonización de un millón de hectáreas de bosques tropicales y a una alteración de los ecosistemas y los medios de vida de los pueblos indígenas y las comunidades locales. (GEO Andino, 2003).

- Los mayores remanentes de bosques se encuentran ubicados en la región amazónica. Esta región está habitada por pueblos y nacionalidades indígenas que actualmente tienen el control de al menos el 50 % de los territorios cubiertos de bosque en la Amazonía ecuatoriana, convirtiéndose esta en una de las fortalezas para el futuro del manejo forestal en el país a nivel de comunidades u organizaciones indígenas.

La calidad del alimento producido por los sistemas agrícolas es de especial importancia y vale la pena destacar en primer lugar las consecuencias de la agricultura moderna sobre el contenido de agro tóxicos en los alimentos, principalmente pesticidas y nitratos:

El nivel de contaminación por pesticidas del alimento del ser humano se ha elevado como consecuencia de la agricultura moderna. Se ha demostrado que a causa de ello el contenido en DDT de la leche materna en Francia es extremadamente alto y se reduce con el consumo de productos orgánicos (sin agro tóxicos).

El alto contenido en nitratos en los productos agrícolas está asociado al uso de fertilizantes nitrogenados de alta solubilidad que son causantes de importantes problemas de salud, como el cáncer y la anemia.

6.3. *La Agroecología como alternativa.*

La agroecología tiene raíces diferentes que la mayoría de las ciencias occidentales. Tener raíces diferentes es ser radicalmente diferente en el sentido estricto de la palabra. Las diferencias llevan a contradicciones importantes de enfoque, para ser objetivos:

Los Biólogos: realizan experimentos en ambientes controlados como los laboratorios o parcelas.

Los Ecólogos: estudian los sistemas no alterados.

Los Agroecólogos: estudian los ecosistemas afectados durante mucho tiempo por la mano del hombre, donde la experimentación es prácticamente imposible, además el hombre y sus sistemas sociales son tan importantes para la agroecología como lo son los sistemas ecológicos mismos. Mientras los científicos agrícolas aplicados desarrollan nuevas tecnologías para modernizar la agricultura tradicional basadas en el conocimiento científico, **los agroecólogos estudian las tecnologías tradicionales de campesinos para obtener conocimientos científicos modernos.** Así los agroecólogos están eliminando los letreros que indican "dirección obligada" en los caminos entre ciencia y desarrollo.

La Agroecología en un sentido estricto puede considerarse simplemente como la ciencia de la ecología aplicada a la agricultura y se distingue de una manera singular por su reconocimiento de la evaluación social y ecológica, y la inseparabilidad de los sistemas sociales y ecológicos. Esta inseparabilidad se basa en las siguientes premisas:

- Los Sistemas sociales y ecológicos poseen potencial agrícola.
- Este potencial ha sido captado por los agricultores tradicionales mediante un proceso de ensayo, errores, selección natural, y aprendizaje cultural.
- Los Sistemas sociales y ecológicos han evolucionado de manera tal que la sustentación de cada uno depende de las relaciones con el otro. Los conocimientos incorporados en las culturas tradicionales mediante al aprendizaje cultural, estimulan y regulan las retroalimentaciones de los sistemas sociales a los ecosistemas.
- La naturaleza del potencial se puede comprender mejor estudiando como las culturas agrícolas tradicionales han captado el potencial.

- Utilización del conocimiento formal, social y ecológico, el estudio de los sistemas tradicionales, algunos insumos para mejorar tanto los agro ecosistemas tradicionales como los modernos.
- El desarrollo agroecológico puede mantener más opciones culturales y ecológicas para el futuro con menos efectos perjudiciales.

El agroecólogo considera el desarrollo en forma independiente de los conocimientos e insumos agrícolas y la imposición de la macro planificación como quebrantadores no solo de las culturas sino también del mismo conocimiento cultural sobre el que se puede construir el desarrollo agroecológico. Esto significa que la Agroecología es protectora del conocimiento cultural. No se puede aprender de sistemas agrícolas que han sido fuertemente "alterados" o que por lo menos no han tenido una oportunidad para buscar su propio camino. El conocimiento agroecológico, sin embargo, podría ser integrado a los agroecosistemas modernos.

La Agroecología se ocupa del estudio científico de las interrelaciones entre los organismos y sus ambientes, y por tanto de los factores físicos y biológicos que influyen en estas relaciones y son influidos por ellas. Pero las relaciones entre los organismos y sus ambientes no son sino el resultado de la *selección* natural, de lo cual se desprende que todos los fenómenos ecológicos tienen una explicación evolutiva.

A lo largo de los más de 3000 millones de años de *evolución*, la *competencia*, engendrada por la *reproducción* y los recursos naturales limitados, ha producido diferentes modos de vida que han minimizado la lucha por el alimento, el espacio vital, el cobijo y la pareja.

6.4. Objetivos de la agroecología

- Producción estable, eficiente y alta.
- Insumos baratos y bajos, en particular haciendo uso total de las técnicas de la Agricultura Orgánica, y el conocimiento tradicional indígena.
- Seguridad alimentaria y la autosuficiencia.
- La conservación de la vida silvestre y la diversidad biológica.
- La conservación de los valores tradicionales.
- Ayuda para los más pobres y desposeídos, en particular a aquellos de tierras marginales, sin tierras, las mujeres, los niños y las minorías tribales.
- Alto nivel de participación de los productores en el desarrollo y toma de decisiones.

6.5. *Prácticas Agrícolas que se han fortalecido en el mundo actual*

- ***Agricultura Natural no intervenida***: es la agricultura que basa sus prácticas en conceptos ecológicos y trata de mantener sistemas de producción similares a los encontrados en la naturaleza, incorpora insumos naturales del medio. La siembra está basada en ciclos lunares, el uso de la maquinaria combinado con la asociación de cultivos para controlar los insectos y malezas. El principal promotor e impulsor de esta agricultura es un productor de origen japonés que ha hecho ya una filosofía de esta agricultura, llamado Masanobu Fukuoka (1991)

- ***Agricultura Natural***: fundada en 1958 por Jean Marie Roger, siendo la espiritualidad el pre-requisito de la agricultura natural, Roger en su obra principal: El Suelo Vivo Manual Práctico de La Naturaleza, expone que esta agricultura se debe trabajar de acuerdo con las leyes de la naturaleza practicando la no intervención, la asociación de cultivos y la biodiversidad.

- **Agricultura Regenerativa:** popularizada por J. Rodale (1980), ;la agricultura regenerativa es aquella que incrementa progresivamente los niveles de productividad y la fertilidad de la tierra, en especial la capacidad biológica del suelo. Esta agricultura da altos niveles de estabilidad en lo económico y lo biológico. Origina un mínimo de impacto ambiental en los espacios que se aplica. Los alimentos producidos son totalmente libres de biocidas y pesticidas. Estas prácticas agrícolas tienden a desarrollar una agricultura autosuficiente.

- **Agricultura Alternativa:** según Altieri (1983), la agricultura alternativa se define como aquel enfoque de la agricultura que intenta proporcionar un ambiente balaceado, rendimiento y fertilidad del suelo sostenido y control natural de plagas, mediante el empleo de tecnologías autosostenidas. Las estrategias se apoyan en conceptos ecológicos, de tal manera que el manejo se da como un resultado de un óptimo reciclaje de nutrientes y materia orgánica, flujos cerrados de energía, poblaciones balanceadas de plagas y un uso múltiple del suelo. Este tipo de agricultura también es señalada en la producción de cualquier tipo de técnica diferente a las de agriculturas convencionales dependientes del uso intensivo de agroquímicos.

- **Permacultura:** su fundador es el austriaco Bill Mollison (1990) ha definido la permacultura como la agricultura integrada con el ambiente que envuelve plantas semipermanentes y permanentes incluyendo la actividad productiva de los animales. Esta agricultura se diferencia de las demás en que las actividades productivas a desarrollar se planifican teniendo en cuenta los aspectos paisajísticos y energéticos, con especial consideración a la puesta en práctica del policultivo.

• **Agricultura Biodinámica:** esta agricultura se desarrolla en relación de los principios filosóficos del humanista científico Rudolph Steiner (1988). El hace posible practicar una agricultura que tiene como principio integrar los recursos naturales de la agricultura en conexión con las fuerzas cósmicas y sus diversas formas de influenciar la dinámica de los sistemas productivos. Esta agricultura incorpora valores espirituales y éticos para llegar a tener una aproximación más comprensible de las relaciones: agricultura y los estilos de vida. Esta agricultura principalmente utiliza preparaciones derivadas de plantas de muy baja concentración. También existen preparaciones que son agregadas a los composteros para estimular los procesos de vida de los microorganismos. (1088)

• **Agricultura Orgánica o Biológica:** son términos que han llegado a ser genéricos, se intercambian dando la connotación de que es lo mismo cando se refieren a una u otra. De acuerdo con los norteamericanos, la agricultura orgánica es un sistema de producción que excluye la utilización de compuestos sintéticos como fertilizantes pesticidas, reguladores de crecimiento y aditivos alimentarios en los alimentos del ganado. Esta agricultura basa su práctica en rotaciones de cultivo, reciclaje de residuos sólidos, uso de abonos verde, residuos de sistemas de producción, cultivación mecánica, uso de rocas minerales, uso de manejo y control biológico de insectos, malezas y enfermedades.

• **Agricultura de Bajos Insumos o Recursos Eficientes:** se manejan dos aspectos en esta definición; el primero se ha popularizado en cuanto se relaciona la agricultura de bajos insumos, como la agricultura utilizada por los pobres y pequeños productores quienes confían principalmente en el uso de insumos locales para mantener sus actividades productivas. El término de agricultura de recursos eficientes tiene que ver con la reducción del uso de agroquímicos tratando de encontrar una mejor utilización de los recursos, manteniendo o aumentando los niveles de productividad.

• **Agricultura Orgánica según la Comunidad Económica Europea:** un producto es considerado ecológico o biológico, cuando en la etiqueta, la publicidad o documentos comerciales, el producto y sus ingredientes son y están caracterizados por el uso de cada estado o miembro sugiriendo al consumidor que el producto ha sido obtenido en las reglas de los medios de producción de los artículos 6 y 7 del reglamento.

- **Agricultura Ecológica:** como el término lo indica la agricultura ecológica se basa en el entendimiento integral del funcionamiento de los ecosistemas. Las prácticas de este sistema son biológicas y ambientalmente sanas.
- **Agricultura Ecológicamente Apropiada:** es el manejo integral de los recursos naturales en forma sostenida, orientando a largo plazo, que valoriza al hombre como factor del ecosistema, permitiendo su conservación y recuperación con tecnologías apropiadas, económicamente viables, socialmente justas y enfatizando en el uso de los recursos locales.
- **Agricultura Sustentable:** es la agricultura ecológicamente viable, económicamente rentable y social y humanamente justa

VII. LA AGRICULTURA SUSTENTABLE: UNA VISIÓN DE LA REALIDAD

7.1. Introducción. Economía y ecología.

La gran tarea de la sociedad contemporánea, es la construcción de un modelo viable de sostenibilidad que asegure la futura supervivencia del hombre. Este fórum concebido para intercambiar experiencias, aspiraciones e inquietudes. Tiene lugar apenas un año después de la cumbre de Sudáfrica, cuando mucho de los problemas abordados allí siguen agravándose.

Ante un contexto internacional dominado por un pretendido pensamiento único supremo, urge promover espacios de reflexión y búsqueda que derriben tales designios y lleven al mundo hacia una real sustentabilidad, basada en valores éticos y en armonía con la naturaleza y los seres humanos.

El incremento vertiginoso de la población mundial, que en los últimos 20 años ha crecido a un ritmo promedio anual entre 93-100 millones de personas, exige ingentes esfuerzos a la sociedad humana actual y a las futuras generaciones a fin de dar respuesta alimentaria a dicho crecimiento poblacional. Esta situación se agrava por el hecho de que aproximadamente el 95% de este crecimiento se está produciendo en los países del mundo subdesarrollado, que son precisamente los que cuentan con menores recursos para enfrentar ese desafío. Más, si se sabe que los esfuerzos del desarrollo económico basado en los patrones de vida actuales conducen al agotamiento incesante de los bienes naturales y al deterioro del medio ambiente.

Según FNUAP (Fondo de Población de Naciones Unidas) la población de los países en desarrollo se ha duplicado ampliamente en los últimos 35 años, colocando a los seres humanos en colisión con los recursos necesarios para mantenerlos y figura entre las numerosas amenazas al medio ambiente mundial resultante de la acción humana.

La agricultura es un pilar básico en la consecución de los requerimientos alimentarios que demanda el crecimiento poblacional. Sin embargo, esta tropieza con fuertes barreras para poder jugar ese rol.

En la medida que la agricultura se ha orientado hacia formas más intensivas y especializadas de producción, así como a la concentración de la producción para la elevación de la productividad, los productores directos han ido perdiendo las prácticas tradicionales de manejo de su base de recursos naturales; esto a su vez ha conllevado a un deterioro de estos últimos, lo que equivale a decir, que la desmejora de estos importantes medios para la sostenibilidad humana responde al uso inapropiado del suelo por sobreexplotación y sobre pastoreo y no por limitación de las fronteras agropecuarias. El efecto anterior se expresa en el elevadísimo ritmo de erosión, deforestación, salinización y en la pérdida de la biodiversidad y genética.

Entre las amenazas, en que vive la sociedad actual se encuentran, un conjunto de obstáculos que afectan el medio ambiente, así como la biodiversidad biológica y genética. Algunas de las barreras de carácter global que más preocupan a la humanidad son " (...) el agotamiento de la capa estratosférica de ozono, el calentamiento resultante del llamado efecto invernadero, las precipitaciones ácidas, las demás formas de deterioro ambiental producidas por el modelo consumista y derrochador de los países más desarrollados, la pérdida de la diversidad biológica, el gigantismo urbano, el tráfico transfronterizo de desechos peligrosos, la contaminación de las aguas subterráneas y superficiales de los mares, de las zonas costeras, la destrucción de los bosques y la depauperación de los suelos agrícolas (...)".

La degradación de los suelos es un problema grave en las tierras altas andinas sobre pobladas y constituye la principal limitante del crecimiento sostenible de la agricultura y el desarrollo rural. En México casi el 50% de las tierras se encuentran afectadas por un proceso de erosión acelerada.

"Como resultado de la erosión de los suelos, cada año se pierden en el mundo más de 20 millones de hectáreas de tierras agrícolas. Los desiertos se expanden en la actualidad a razón de 6 millones de hectáreas por año. Unos 3 500 millones de hectáreas de tierras productivas - una superficie aproximadamente igual a la del continente americano - están siendo afectadas en estos momentos por la desertificación, un tercio de ellas de manera severa, lo cual significa, según las Naciones Unidas, una amenaza para los medios de vida de 650 millones de personas. Cifras recientes de la FAO indican que la deforestación de las zonas tropicales ha aumentado de 11,3 millones de hectáreas anuales en 1980 a 17 millones en 1990".

El elevadísimo ritmo de deforestación (0,4 millones de ha en 1990) y el avance permanente de la erosión y la desertificación, además de producir efectos negativos en los factores edafoclimáticos tienen una gran repercusión sobre la diversidad genética. En cada ha de bosque, se estima que pueden coexistir

entre 1 000 y 2 000 especies vegetales y se puede apreciar que la destrucción
de pequeñas áreas de bosque tropical puede llevar de la mano la desaparición
de especies vegetales y animales, incluyendo la flora y la fauna inferior, cuyo
potencial de beneficios aún se desconoce. "En términos generales, se estima
que quizás alrededor de 250 mil especies - una cuarta parte de la biodiversidad
total de la Tierra - corre un grave peligro de extinción en los próximos 20 ó 30
años. Hay especialistas que estiman en alrededor de 25 mil las especies de
plantas que están hoy al borde de la desaparición. la pérdida de estos recursos
genéticos mundiales constituye la más grave e irreparable consecuencia de la
deforestación y, en general del deterioro del medio físico global".

Cada 3 años se deforestan unos 140 millones de hectáreas de selva tropical
con la consiguiente pérdida de potencial genético, todo lo cual facilita la erosión
y la pérdida de suelos. Continúa la degradación de los suelos y se sabe que el
25% de las tierras agrícolas están afectadas negativamente. Cada año, 6
millones de hectáreas de tierra cultivable se convierten en desiertos. Además,
en los últimos años, el mundo perdió 400 mil millones de toneladas métricas de
la capa agrícola del suelo; fueron arrasadas 300 millones de hectáreas de
bosques, los desiertos se extendieron en más de 120 millones de hectáreas; se
contaminaron o agotaron incontables fuentes de agua y decenas de miles de
especies animales y vegetales se extinguieron. Se estima aun, que con la
destrucción biológica actual han desaparecido 360 mil especies de plantas y
cerca de 1,2 millones de especies de animales. "La caza indiscriminada y otros
factores adversos, pueden generar la extinción de más de mil especies y
subespecies, entre estas 400 de aves, más de 3 mil de mamíferos, 200 de peces
y 140 de anfibios y reptiles".

El sobre pastoreo degrada los pastos naturales y disminuye su capacidad de
carga animal creando las bases para la degradación de los suelos y el aumento
de la presión sobre nuevas áreas.

En la actualidad, aproximadamente el 50% de los incrementos en los
rendimientos de los cultivos se obtiene mediante la manipulación genética, lo
que refleja la gran importancia de los recursos del germoplasma y del impacto
que pueda tener la diversidad biológica sobre el desarrollo agrícola. Por otro
lado, la búsqueda de nuevas tierras agrícolas, leña y madera en los países de
la periferia, está dando lugar a la deforestación de unos 170 mil Km2 de bosques
tropicales al año. En la actualidad, alrededor del 70 por ciento de la población
de los países subdesarrollados utiliza la leña con fines energéticos.

El proceso de pérdida de la biodiversidad se identifica también con el deterioro de la diversidad genética dentro de cada especie, fenómeno que supone la reducción progresiva, y la posible desaparición, de la vitalidad de especies y razas.

El uso inapropiado de fertilizantes y su consecuente acumulación en los suelos agrícolas origina graves problemas en sus propiedades físico-químicas y biológicas además de contaminar las fuentes de agua y crear problemas a nivel de los propios cultivos que en muchos casos presentan niveles de residuos tóxicos que están por encima de los máximos admitidos para el consumo humano. Equivalentemente la aplicación masiva de plaguicidas ha llevado a la aparición de mutantes de plagas más resistentes y más virulentas y a la eliminación de los enemigos naturales. Estudios realizados revelan que las mermas de campo por el efecto nocivo de las plagas en los principales cultivos agrícolas afectan el rendimiento de estos entre un 25-35%.

El deficiente manejo de los sistemas de riegos y drenaje, en muchos casos da origen a la salinización, sobresaturación, degradación y contaminación de vastas áreas de suelos agrícolas.

Estas son entre otras las barreras básicas que deberá enfrentar el mundo de hoy a fin de frenar el deterioro del sistema ambiental y de las riquezas naturales.

La sostenibilidad de la base productiva de la agricultura y la necesidad de aumentar su productividad se imponen ante el hecho irreversible de que existen cada vez menos productores, menor cantidad de tierra disponible -y que ésta es de menor fertilidad- mientras crece el número de consumidores, aumenta su expectativa de vida y crece el poder adquisitivo de un porcentaje de ellos. Lo anterior significa que es necesario producir más con menos, logrando en los sistemas agrícolas le conjunción armónica de la ECOLOGÍA y la ECONOMÍA

El análisis de la interrelación entre la ECONOMÍA y la ECOLOGÍA dice que estas ciencias tienen un denominador común que son el hombre y la naturaleza y que aunque entre ambas hay un condicionamiento mutuo, existe la posibilidad real de una exclusión entre las mismas.

Esto último, es precisamente lo que explica la necesidad objetiva del desarrollo de la agricultura sostenible, es decir de la congruencia entre ellas.

La preocupación por la protección y la conservación de los medios naturales, comienza en Cuba desde el triunfo revolucionario en 1959. En aquellos primeros años sobresalen los esfuerzos por recuperar los bosques, desbastados por la tala indiscriminada desde la época colonial y después con la expansión de los latifundios cañeros y ganaderos. Como resultado de esta política la superficie cubierta de bosques ha aumentado del 14 al 20% en los últimos 30 años en el país.

En Cuba existe una Ley de Protección del Medio Ambiente y Uso Racional de los recursos Naturales. Se creó una Comisión Nacional para la Protección del Medio Ambiente y el Uso Racional de los Recursos Naturales. Se ha propiciado la recuperación y empleo adecuado de los recursos hídricos, la creación de un vasto sistema de parques y áreas protegidas, la aplicación de políticas coherentes para la protección de la flora y la fauna y la conservación de la biodiversidad. Actualmente, contamos con la nueva Ley de Recursos Naturales y Medio Ambiente.

También se ha laborado para revertir la situación de algunos suelos degradados y erosionados, en particular en zonas sometidas a explotación minera (Moa, Nicaro), así como algunos problemas locales de contaminación de las aguas superficiales por efecto, fundamentalmente, de los residuales de la industria azucarera.

Se ha avanzado en el rescate de playas, zonas costeras y bahías dañadas por procesos erosivos. Por ejemplo, el Dique Sur que detiene y revierte el proceso de salinización de varias decenas de miles de hectáreas de tierras potencialmente agrícolas y se recuperan recursos hídricos de importancia capital en la satisfacción de necesidades de agua para la agricultura, la industria, etc.

Reciben atención priorizada los fondos marinos. Son destacables las medidas de protección a los arrecifes coralinos.

Durante el Período Especial se han buscado soluciones alternativas en la notable reducción de las importaciones de fertilizantes, pesticidas químicos y de pienso para el ganado. Se han puesto en práctica resultados científicos de gran valor ecológico. Por ejemplo, el uso de biofertilizantes como el azotobácter, el ryzobium y la micorrhiza que además de proporcionar altos porcientos de germinación y robustez de las plantas, han permitido alcanzar excelentes resultados en rendimientos en cultivos como la col, el ajo, la lechuga, la cebolla, el pimiento y otros, el desarrollo de controles biológicos de plagas y enfermedades, la aplicación del sistema racional basado en el rotación de los pastos y su fertilización natural por el ganado vacuno, la elaboración de alimento animal a partir de la caña o subproductos de la industria azucarera

En el caso de la industria azucarera, se ha avanzado en el tratamiento de los residuales y en su aprovechamiento no sólo en la alimentación animal, sino también en otras aplicaciones tal cual la obtención de nuevas fuentes de energía, el fertirriego y la fabricación de papel.

Los resultados alcanzados en las ciencias agropecuarias evidencian un considerable avance en la investigación de aspectos referidos: al uso de productos biológicos en el control de plagas y enfermedades y en la nutrición de plantas, que permitan la disminución de insumos y reducción de la contaminación ambiental; a la obtención de nuevas variedades de plantas como hortalizas, tubérculos, granos y frutos de mejor adaptación a las condiciones tropicales y de más elevado rendimiento y resistencia a plagas y enfermedades; a la coordinación y mapeo de los suelos y la ordenación forestal, entre otros.

A su vez, en la medicina alternativa se han alcanzado importantes resultados por los investigadores del Centro Universitario de Montaña de Sabaneta, tales como: el FERRACEN que es un antianémico, que no se fabrica en otro país del mundo y que ha sido probado con éxito en diversos tipos de animales (puercas, gallinas ponedoras, etc.); el ZEOFERCU que provoca efectos antianémicos en las crías porcinas y posee cualidades antidiarreicas en animales destetados obteniéndose índices superiores de viabilidad al ser aplicado. Se produce con una tecnología rustica y con muy bajos costos; el USELFULTERINE es un bioestimulante que se utiliza para estimular el celo en hembras bovinas y porcinas. En vacas en ordeño se obtienen incrementos significativos de leche por vaca sin alteraciones organolépticas de leche. En gallinas ponedoras origina aumentos importantes en la puesta de huevos/día/gallina; el ENTERAL que se emplea como pomada cicatrizante y antibacteriano en la curación de lesiones de la piel, especialmente en la ganadería, etc.; el Fito A que es un analgésico tópico contra algunas dolencias del cuerpo humano. Se emplea en dolores articulares y musculares como artritis, periontitis, tortícolis, sacrolumbagia, bursitis con un alto por ciento de restablecimiento en los pacientes. Estos y otros resultados científicos se suman a un gran conjunto de éxitos de nuestras investigaciones.

No obstante, es menester significar que estos logros al no haber sido concebidos con una orientación sistémica que respalde a un enfoque de sustentabilidad, no están ciertamente interconectados al sistema agro ecológico de los que pudieran formar parte.

Como ejemplo de lo anterior se puede nominalizar el bajo coeficiente de utilización de la tierra, influenciado por la ausencia de programas de rotación de cultivos, integralidad de los cultivos agrícolas y la crianza de animales, uso indiscriminado de productos químicos de utilización agrícola, irracional uso del agua de riego, deficiente manejo del medio suelo en las áreas de labranza con cultivos intensivos, etc.

Con esta semblanza se pueden sintetizar los esfuerzos y logros desencadenados y alcanzados por el país en los años de Revolución.

7.3.2. El modelo Clásico vs. el alternativo en el contexto agrario cubano.

El modelo clásico es expresión del paradigma convencional de agricultura, tal y como se desarrolló en California, URSS y Cuba entre otros.

Modelo clásico (convencional):

El modelo clásico se basa en el uso intensivo de: fertilizantes, agro tóxicos, pesticidas, mecanización concentrados para animales, petróleo y sus derivados, variedades híbridas, capital en forma de crédito y se sustenta en: el monocultivo en grandes extensiones; facilita la erosión, la compactación, la salinización, el encharcamiento de los suelos y la contaminación ambiental. El mismo ha propiciado el éxodo de los campesinos hacia las ciudades, como consecuencia del remplazamiento del trabajo humano por la mecanización.

Este paradigma incrementa su incosteabilidad, en la medida que los insumos suben de precio y los agricultores tienen que gastar más para contrarrestar la baja fertilidad de los suelos erosionados, así como la pérdida de los controles naturales de las plagas.

Para los países subdesarrollados como el nuestro crea la dependencia de las importaciones que le cuesta las escasas monedas convertibles que poseen.

7.4. Introducción necesaria a la agricultura alternativa

La Cuba precolombina estaba habitada por los Siboneyes y los Taínos (Arawakos). La agricultura arawaka era avanzada en términos ecológicos y se apoyaba en el conocimiento de los principios del manejo de: los recursos naturales, asociaciones de especies con diferentes patrones de crecimiento, coberturas y estructuras de raíces minimizadoras de las competencias de los suelos y humedad. El maní y otras leguminosas fijadoras de N2 eran cultivos para elevar la fertilidad de los suelos. En las parcelas de subsistencia de los esclavos se cultivaban el ñame, el gandul y posteriormente el arroz.

La agricultura de "bajo insumo" de los arawakos aunque produjo altos rendimiento fue eliminada por los españoles que implantaron como sistema de producción, el de plantación.

El Gobierno Revolucionario heredó un sistema de producción agrícola fuertemente focalizado en cultivos desarrollados en superficies concentradas. El sector agrícola ha sido altamente dependiente de las importaciones de fertilizantes, aproximadamente el 40% (finales de los años 80). El 52% del fertilizante que se fabricaba en Cuba era producido con materias primas de importación. De aquí que el coeficiente de importación para todos los fertilizantes usados en Cuba era del 94%. Las cifras para herbicidas y la alimentación animal fueron del 97% y 98% respectivamente.

En resumen, el sector agrícola cubano hasta 1989 se caracterizó por: un alto grado de modernización; dominación de monocultivos de exportación sobre los cultivos alimentarios, y de gran dependencia de insumos y materias primas de importación.

Precisamente el modelo de desarrollo agrícola cubano (modelo clásico) era criticado debido a: su dependencia de los insumos de importación; su tendencia a producir degradación ambiental, y de los suelos. Estos son los argumentos que condicionan la necesidad de su reorientación hacia métodos alternativos de desarrollo.

7.4.1. Modelo alternativo

El modelo alternativo en Cuba promueve: la diversificación de los cultivos en lugar del monocultivo, el uso de fertilizantes orgánicos y biofertilizantes en lugar de fertilizantes químico, controles biológicos y biopesticidas en lugar de sintéticos, los tractores se sustituyen por la tracción animal en forma racional, las siembras se planifican para aprovechar la estación lluviosa para no depender tanto del regadío, las comunidades locales se ven más envueltas en el proceso productivo, lo cual frena el éxodo hacia las ciudades.

La necesidad actual de desarrollar una agricultura sostenible en las condiciones de Cuba, es de gran significación, pues no sólo resulta imprescindible para elevar la producción y la productividad agropecuaria, sino también para contribuir a la conservación y descontaminación del medio ambiente, con lo cual se asegura un futuro mejor a las generaciones venideras.

VIII. LA ENERGÍA Y LA AGRICULTURA.

8.1. Energía utilizada y su eficiencia

En un estudio que se publicó en 1926, y que demostró haberse adelantado a su tiempo, Edgar Transeau estimó la acumulación de energía en un campo de maíz en el oeste medio de EE.UU. durante un solo período de crecimiento (Tabla 2.1). Sus cálculos se basaban en una producción estimada de 10.000 plantas por cada 0,405 hectáreas, con un peso de 6.000 Kg, y en la información disponible acerca de la composición química de las plantas. Partiendo de estas premisas, Transeau calculó que había 2.675 Kg de carbono en las 10.000 plantas de maíz. Puesto que este carbono fue incorporado a las plantas solamente a través de la fotosíntesis, ello equivaldría a 6.687 Kg de glucosa. A esta producción neta Transeau sumó la cantidad equivalente de glucosa metabolizada en la respiración celular durante el período de crecimiento, 2.045 Kg, para obtener la producción total o bruta de 8.732 Kg.

Puesto que se necesitan 3.760 kilocalorías (Kcal) para producir un kilogramo de glucosa, se habrían incorporado 33 millones de kilocalorías en la producción bruta, de las cuales se habrían consumido 7,7 millones de kilocalorías en las actividades metabólicas. También se estimó que en el área estudiada se transpiraron 1,5 millones de kilogramos de agua, cantidad suficiente para cubrir el área con una capa de 40 centímetros. Esto requeriría un gasto de energía de 910 millones de kilocalorías.

Puesto que se conocía el total de energía solar disponible en el campo de maíz, Transeau pudo calcular la eficiencia de la utilización de la energía. Quizá sorprenda el saber que el campo de maíz incorporó solamente un 1,6% del total de energía solar disponible:

$$\frac{\text{Producción bruta}}{\text{Radiación solar}} \times 100 = \frac{33 \text{ millones de Kcal}}{2.043 \text{ millones de Kcal}} \times 100 = 1,6\%$$

Transeau indicó, sin embargo, que puesto que sólo un 20% de la radiación solar medida por el instrumento empleado era realmente efectiva en la fotosíntesis, la eficiencia real sería algo mayor: alrededor de un 8%.

Otro problema de interés es la eficiencia del autótrofo con respecto a la utilización de la energía que ha incorporado. La energía consumida en el crecimiento, desarrollo y mantenimiento se refleja, desde luego, en la respiración celular y se mide como la pérdida vía actividad respiratoria. En el caso del campo de maíz la pérdida de energía debida a la actividad respiratoria, cuya inversa podría llamarse eficiencia metabólica o de asimilación, de 23,4%:

$$\frac{\text{Energía de respiración}}{\text{Energía de producción Bruta}} \times 100 = \frac{7{,}7 \text{ millones de Kcal}}{33 \text{ millones de Kcal}} \times 100 = 23{,}4\%$$

Así, aunque en la fotosíntesis se utilizó una cantidad relativamente baja de energía total disponible, las plantas son máquinas bastante eficientes (76,6%) en la conversión de la energía captada en biomasa.

Este estudio muestra en cierto modo cómo la información sobre la fijación primaria de energía puede interpretarse atendiendo por lo menos a dos aspectos fundamentales de la producción primaria: cantidad e intensidad. Hasta ahora se ha calculado la cantidad de energía total durante el período vegetativo. Puesto que el periodo de crecimiento del maíz se considera de cien días en aquella región, podríamos hacer una aproximación de la intensidad diaria de la fijación de energía. Sin embargo, puesto que hay diferencias en la intensidad de la fotosíntesis por unidad de área de hoja según la edad, y puesto que la superficie fotosintética total de una planta varía según la edad, por este método sólo se pueden obtener aproximaciones muy burdas de la intensidad diaria. Transeau mismo estimó que el incremento diario promedio de la intensidad era, aproximadamente, de 8%. Para obtener valores fiables del ritmo de fijación de energía diario (e incluso por hora) hubiera sido necesario efectuar mediciones periódicas por alguno de los métodos arriba descritos.

El estudio de Transeau se hizo en un terreno cultivado en el norte de Illinois; dentro de esa misma región templada, Frank Golley estudió un ecosistema consistente en un campo situado en el sur de Michigan. En la tabla 2.2 aparecen los datos de la producción y respiración de la vegetación de pastos perennes de aquel campo. La eficiencia de la utilización de energía del componente herbáceo resultó del 1,2% (o sea, $5,83 \times 10^6 : 471,0 \times 10^6$) y el porcentaje de energía consumida en la respiración vegetal de 15,1% ($0,88 \times 10^6 : 5,83 \times 10^6$).

Aunque la eficiencia de captura de energía en este ecosistema terrestre es, aproximadamente, tres cuartos de la eficiencia del campo de maíz (1,2% frente a 1,6%), el consumo en la respiración es, aproximadamente de dos tercios (15,1% frente a 23,4%).

TABLA	2.2
Balance energético anual de la vegetación de pastos perennes en el sur de Michigan	
cal/m²/año	
Radiación solar incidente	**471,0 X10⁶**
Utilización Vegetal	
Producción Neta (PN)	**4,95 X 10⁶**
Respiración (R)	**0,88 X 10⁶**
Producción Bruta (PB)	**5,83 X 10⁶**

Datos de F.B. Golley, 1960. Ecological Monographs, 30:187-206.

Así, aunque la eficiencia en la captura de energía es menor, la utilización de esa energía (es decir, la cantidad fijada en el tejido vegetal) es mayor en el pasto natural que en el campo cultivado de maíz. En un estudio similar en un campo en Carolina del Sur, Golley descubrió que durante el período de crecimiento de 1960 el 48% de la producción bruta se consumía en la respiración de la planta predominante, la retama. Y por último, en un pastizal marino húmedo, en un pantano salino, John Teak encontró que el 77% de la producción bruta se consumía en la respiración de las plantas. En estos dos últimos casos, por tanto, gran parte de la energía inicial capturada se disipó fuera del ecosistema en el primer nivel trófico.

Consideremos ahora la captura de energía en dos sistemas acuáticos localizados en la misma latitud: un lago en Wisconsin, que aparece en la Tabla 2.3, fueron recopilados por Chancey Juday, un adelantado de la investigación de los ecosistemas acuáticos. De acuerdo con esos datos, sólo se incorpora el 0,35% del flujo solar en la producción bruta al nivel autótrofo (428: 118.872); esto es, aproximadamente, un cuarto de la cifra que obtuvo Transeau y un tercio de la de Golley. Para su mantenimiento y crecimiento, el fitoplancton del lago Mendota utiliza un 25% de la energía capturada en el metabolismo, y la flora del fondo, un 24%, resultados prácticamente idénticos a los obtenidos por Transeau para el maíz y más altos que los obtenidos por Golley para la comunidad herbácea de Michigan.

TABLA.2.3 Balance anual de energía del lago Mendota, Winsconsin	
cal/m²/año	
Radiación solar incidente	**118.872**
Utilización Vegetal	
Fitoplancton	
Producción Neta (PN)	**299**
Respiración (R)	**100**
Producción Bruta (PB)	**399**
Flora del fondo	
Producción neta	**22**
Respiración	**7**
Producción bruta	**29**
Producción Bruta de los Autótrofos	**428**

Datos de C. Juday, 1940. Ecology, 21:438-450.

Sin embargo, Juday no consideró la energía consumida por los herbívoros y los descomponedores y, por tanto, estas eficiencias presentan un error. Varios años después del estudio de Juday, Raymond Lindeman calculó que las pérdidas debidas a los herbívoros eran de 42 cal/cm^2/año, y las debidas a la descomposición, de 10 cal/cm^2/año; sumando los componentes, la producción bruta autótrofa pasa de 428 a 470 cal/cm^2/año, con el aumento considerable en la eficiencia de la fijación de energía, de 0,35 al 0,39 %, y una disminución de las pérdidas por la respiración de 25 a 22,3%.

Con la misma radiación solar incidente que en el lago Mendota, el lago Cedar Bog, de Minnesota, es cuatro veces menos eficiente la producción bruta, incluyendo las pérdidas debidas a los herbívoros y a la descomposición, era de 111 cal/cm^2/año, con una eficiencia del 0,10%. La energía consumida en la respiración a nivel autotrófico era de 23,4cal/cm^2/año o de 21%.

En estos dos ecosistemas acuáticos la captura de energía es mucho menor que en los dos sistemas terrestres antes considerados (0,10 y 0,39% frente a 1,2 y 1,6%). Esta diferencia en la captura primaria de energía se debe, en gran parte, a la menor penetración de la luz en el agua.

TABLA	2.4
Balance anual de energía del lago Cedar Bog, Minnesota.	
cal/m^2/año	
Radiación solar incidente	**118.872,0**
Utilización Vegetal	
Producción Neta (PN)	87,9
Respiración (R)	23,4
Producción Bruta (PB)	111,3

Es decir que la radiación solar incidente se midió en la superficie en vez de medirse en el lugar donde realmente se produce la fotosíntesis. La eficiencia real será algo mayor que la indicada por Lindeman y Juday, quizá del orden de 1 y 3%, respectivamente. Por otra parte, la pérdida por la respiración de los autótrofos en los dos sistemas acuáticos (21 y 22,3%) es más o menos la misma que en el campo de maíz (23,4%), pero mayor que la de la comunidad herbácea (15,1%).

8.2. Evaluación energética de agroecosistemas.

La evaluación de la productividad de un sistema agrícola debe tomar en cuenta no sólo las salidas energéticas en términos de productos, pérdidas por factores climáticos u otros derivados del estrés a que es sometida la planta y que le obliga a canalizar energía para resistirlo, sino que también a los insumos o entradas energéticas complementarias a la del flujo de radiación solar, es decir, los subsidios energéticos que recibe un determinado cultivo ya sea para mejorar su productividad biológica y económica, así como los requeridos para mantener su estructura biológica y su funcionamiento.

El funcionamiento de los agroecosistemas actuales se basa en dos flujos energéticos: el natural que corresponde a la energía solar y un flujo «auxiliar», controlado directamente por el agricultor que recurre al uso de combustibles fundamentalmente fósiles, ya sea directamente o en forma indirecta, a través de los insumos industriales que emplea en el proceso productivo. El primer flujo es el propio o natural de funcionamiento del ecosistema, es una energía abundante, gratuita y limpia; el segundo flujo corresponde a energía «almacenada», sus existencias son finitas, es relativamente cara y, por lo general, no es limpia en el sentido que su uso da origen a fenómenos de contaminación.

La producción del agroecosistema consiste a su vez en energía incorporada en la producción económica o comercial, vegetal y animal destinada al mercado y valorada en términos monetarios, más una parte que se pierde en el ambiente en forma de compuestos gaseosos (por ejemplo, los originados en la volatilización y los procesos de denitrificación), otra parte que se incorpora a las aguas fluviales, subterráneas y lacustres a través de compuestos solubles en agua (por ejemplo, nitratos), o transportados como materia en suspensión en el sistema hidrológico (metales pesados, compuestos orgánicos) o, por último, incorporados en organismos o materia orgánica que abandona el agroecosistema.

La capacidad de los cultivos para utilizar energía solar se puede medir valorizando en términos de energía incorporada, la biomasa acumulada en los campos, multiplicando su peso seco por su contenido energético que para los vegetales es de alrededor 20KJ/g de materia seca y relacionándola como porcentaje del insumo de energía solar por el cultivo correspondiente en el periodo de su época de crecimiento. El valor obtenido corresponde a la eficiencia fotosintética del cultivo, es decir a su capacidad de conversión de energía solar en biomasa vegetal que aún para los casos más eficientes raramente supera 1%.

El flujo de energía auxiliar se introduce en el agroecosistema a través de los trabajos mecánicos, la fertilización, el uso de plaguicidas, etcétera. Se ha demostrado que este flujo auxiliar influye sobre la eficiencia con la cual los cultivos utilizan la luz solar interceptada. Los trabajos mecánicos, el riego y la adición de fertilizantes mejoran el estado del suelo por una mayor disponibilidad de elementos nutritivos asimilables y, por lo tanto, mejora la capacidad de asimilación, organización y acumulación de biomasa vegetal. Por eso, se suele señalar que los sistemas agrícolas llegan a ser más eficientes que los naturales no intervenidos en la utilización de la radiación solar interceptada.

Uno de los aspectos más importantes del proceso de artificialización del ecosistema natural es que la actividad productiva agrícola recurre cada vez más al flujo de energía auxiliar, y se hace, por consiguiente, cada vez más intensiva en el uso de la energía. Leach y Pimentel han destacado que el uso de energía en el sector agrícola, sobre todo en los países industrializados, ha crecido más rápidamente que en cualquier otro sector.

Pimente señala que 25% de la energía fósil mundial se emplea para producir alimentos y subraya que, mientras la población mundial se duplicó en treinta años, el consumo de energía se duplicó en apenas una década, la de los sesenta.

La agricultura norteamericana absorbe 6% de toda la energía consumida en Estados Unidos. Si a ello se agrega que las fases de procesamiento de alimentos consumen una cifra similar y que otro 5% se consume en sus etapas de distribución y preparación, se llega a la conclusión de que el sistema alimentario de Estados Unidos usa 16% de toda la energía empleada en el país. Curiosamente, tal porcentaje es muy similar al porcentaje del ingreso que se gasta en alimentos que es 16%. Son muy parecidas las cifras de los países europeos: Leach ha calculado el mismo porcentaje de consumo energético en el sistema alimentario inglés, y Olsson señala que en Suecia fluctúa entre 10 y 20%. Pimentel opina que los factores fundamentales de producción en la agricultura moderna son energía, trabajo y tierra y que, dentro de ciertos límites, son sustituibles entre sí. Por ejemplo, la energía fósil puede reducir las necesidades de mano de obra; la utilización intensiva de energía en forma de fertilizantes, sistemas de riego y mecanización exige menos tierras.

Los trabajos de Pimentel sobre los consumos energéticos para los cultivos de maíz muestran que en términos de 1 000 kilocalorías por hectárea, en 1920 se usaban 1 302 para producir, siempre en términos de kilocalorías por hectárea, 7 520 de maíz, con lo cual la relación entre producto e insumos en términos de energía consumida y producida era de 5.8. En 1950, las necesidades energéticas habían aumentado a 3 107 y la producción había aumentado a 9 532, reflejando por consiguiente una caída de la relación producción-insumos energéticos a 3.1. En 1970, la relación se había reducido nuevamente a 2.7, resultante de una producción, en términos de energía producida y consumida por hectárea de 20 230 y 7 544 respectivamente.

Los datos para 1975 son de una producción 20 230 MKcal/ha producidos frente a un consumo de 8 315 siendo por lo tanto la relación de 2.5. Esta relación se mantiene constante hasta 1983 con una producción de 26 000 y un insumo energético de 10 537 MKcal/ha. Sin duda las crisis petroleras de la década de los setenta, y los consiguientes aumentos de precios de la energía han influido. La subvaluación del petróleo previa a los setenta estimuló procesos energéticamente intensivos, al aumentar el precio del petróleo se incentivó la búsqueda de una mayor eficiencia energética.

Los principales consumidores de energía en la agricultura moderna son la mecanización, los fertilizantes y en menor medida los pesticidas y el riego. En el periodo 1972-1973 la mecanización, tanto en su fase de manufactura como en la operación de la misma, fue el mayor consumidor de energía de la agricultura con 51% del total mundial de energía utilizada en la agricultura, con valores que oscilan entre un mínimo de 8% en el extremo Oriente y 73% en Oceanía. Los fertilizantes son el segundo responsable por el consumo de energía por la agricultura mundial que representó, en el periodo señalado, alrededor de 45%, nuevamente con fuertes variaciones entre un máximo de 84% en el Oriente y un mínimo de 26% en Oceanía. Sin embargo, para los países en desarrollo el consumo de fertilizante es el principal usuario de energía.

Tanto estos últimos como los fertilizantes nitrogenados se obtienen a partir de petróleo y gas natural, respectivamente, cuyo consumo se ha expandido con gran rapidez. La FAO señalaba que entre 1950 y 1970 el consumo de fertilizantes minerales se había cuadruplicado, pasando de 22 millones de toneladas de nutrientes a 112 millones en el periodo 1979-1980, si bien notando su gran desigual distribución, aspecto examinado en páginas anteriores. En ese periodo los países en desarrollo pasaron de representar 10% del consumo mundial de fertilizantes a 20%, siendo las mayores alzas las registradas en Asia, mientras que en África el consumo se mantenía a niveles insuficientes aun para restituir los nutrientes extraídos por lo cultivos.

Otra dimensión de la desigualdad como se utilizan los fertilizantes lo revela el hecho que más de 50% de los fertilizantes aplicados en la agricultura de los países en desarrollo lo son en cultivos de exportación, tales como caucho o té. Según la CEPAL, entre 1951 y 1972, el consumo de fertilizantes aumentó en América Latina en 13.9%, notando que su empleo se concentraba en determinados cultivos, en tanto que otros quedaban prácticamente marginados de su uso.

Estudios de 1972 indicaban que el consumo energético para la producción mundial de cereales era de 7.9 x109 joules por hectárea y 9.9 x109 joules por trabajador agrícola. Como es lógico suponer, la intensidad energética varía apreciablemente entre países desarrollados y en desarrollo. Así, en circunstancias que los primeros consumían $24.8x10^9$ joules por hectárea y $107.8x10^9$ por trabajador agrícola, los valores en los países en desarrollo eran respectivamente 11 y 49 veces más bajos: $2.2x10^9$ joules tanto por hectárea como por trabajador agrícola.

Dentro de los países industrializados, el mayor consumo de energía por hectárea se da en Europa Occidental; 27.9 $x10^9$ joules comparados con 20.2 $x10^9$ joules en Norteamérica; sin embargo, este último tiene un consumo energético por trabajador agrícola muchísimo mayor; $555.8x10^9$ joules comparado con $82.4x10^9$ en Europa Occidental.

En los países en desarrollo, los mayores consumos energéticos, tanto por unidad de superficie cultivada como por trabajador agrícola, se daban en América Latina $4.2x10^9$ joules y $8.6x10^9$ joules, respectivamente, comparados con $1.7x10^9$ joules por hectárea y $1.4x10^9$ joules por trabajador en el Lejano Oriente. Los consumos energéticos más bajos se registraban, siempre en 1972, en África: $0.8x10^9$ joules tanto por hectárea como por trabajador.

Si bien el desequilibrio entre países industrializados y en desarrollo, en lo que respecta al consumo energético para la producción de cereales, es muy grande, él es apreciablemente menor en términos de producción. En efecto, mientras la producción cerealera por hectárea en los países industrializados era de 3 100 kg por hectárea y 10 508 kg por trabajador, en los países en desarrollo era de 1 255 kg por hectárea y 877 kg por trabajador. En síntesis, si bien los consumos energéticos en los países industrializados son 11 y 49 veces mayores por hectárea y trabajador, respectivamente, que en los países en desarrollo, sus producciones son respectivamente sólo 2.46 veces y 12 veces más altas.

Si se examina en términos de países, se nota que el rendimiento por trabajador en Norteamérica es de 67 882 kg/ha, comparado con 5.772 kg/ha en Europa Occidental, un promedio de 877 kg/ha en los países en desarrollo, de 1 856 kg/ha en América Latina, 1 386 kg/ha en el Lejano Oriente y 538 kg/ha en África. Mientras que los desequilibrios son mucho menores en términos de producción por unidad de superficie: en Norteamérica es de 3 457 kg/ha, en Europa Occidental de 3 163, el promedio de los países en desarrollo es 1 255, siendo en América Latina de 1 440, en Asia 1 335 y en África de 829 kg/ha. Es decir, los insumos energéticos o la intensificación energética en el cultivo de cereales tienden a ser más eficiente en relación con la mano de obra que en relación con la tierra. Es decir, hay límites naturales más allá de los cuales, cualquiera que sea el subsidio energético, el rendimiento por unidad de tierra cultivada se estabiliza, y puede aún disminuir como se ha visto para el caso de la aplicación de fertilizantes a las variedades de alto rendimiento. Por otro lado, también se puede concluir que la disponibilidad de uno u otro factor de producción, tierra o trabajo influye en los esfuerzos de intensificación energética. En las grandes planicies norteamericanas, la intensificación energética se da fundamentalmente en términos de mecanización, lo que permite abarcar mayores áreas por unidad de trabajo aplicado, en cambio en Europa, donde la tierra es mucho más limitada, los mayores esfuerzos se orientan a aumentar la rentabilidad del suelo, llevando a un sobreconsumo de fertilizantes: los consumos de energía por hectáreas son poco diferentes, el de Europa es 1.3 veces el de Norteamérica, pero el consumo energético por trabajador es, en Norteamérica más, de 6.7 veces el de Europa Occidental. Sin embargo, pese a que los insumos energéticos europeos por hectárea son superiores, su producción por hectárea es inferior a la de Norteamérica, mientras que con insumos energéticos 6.7 veces más por trabajador, la producción norteamericana logra 11.7 veces la producción por trabajador europea.

Si bien las magnitudes son muy diferentes, sucede algo similar en los países en desarrollo; así, el consumo de energía por unidad de superficie cultivada con cereales es muy similar en América Latina y el Lejano Oriente: 4.2×10^9 joules y 3.8×10^9 joules, respectivamente, y su producción por hectárea también lo es: 1 444 kg/ha y 1 335 kg/ha, respectivamente. Pero los insumos energéticos por trabajador son como se ha visto, prácticamente el doble en América Latina, diferencias que no se traducen, sin embargo, en diferenciales de productividad de la misma magnitud: 1 856 Kg/ha en América Latina y 1 386 kg/ha en el Lejano Oriente, respectivamente, es decir, con casi el doble de consumo de energía por trabajador la producción de cereales por trabajador en América Latina solo logra una mayor producción de 1.3 veces la del Lejano Oriente. La tierra es más escasa en Asia que en América Latina, en esta última los aumentos de producción agrícola se han dado, hasta muy avanzada la década de los sesenta, en gran parte, por incorporación de tierras a los cultivos, en cambio en Asia, habiéndose alcanzado antes la frontera agropecuaria, es la tierra el factor limitante para los aumentos de productividad.

Lo anterior permite hacerse una idea de la magnitud de los requerimientos energéticos, sólo en términos de fertilizantes que se requerirían si los países en desarrollo tratarán de adoptar un patrón de producción agrícola similar al de los países industrializados. Por otra parte, habida cuenta de la diferente dotación de factores productivos, cabría preguntarse sobre la conveniencia de la búsqueda de un patrón tecnológico propio.

La intensificación energética de la agricultura se debe en parte al patrón tecnológico dominante, pero también está determinada por los patrones de consumo, que se materializan en demandas por ciertos productos y variedades de productos: proteína animal por sobre proteína vegetal, y preferencias de cierta proteína animal en relación con otra.

En los países desarrollados se ha dado un proceso, que aún continúa, de aumento de consumo de proteína, conjuntamente con una sustitución del consumo de proteína vegetal por proteína animal, mientras que en los países del Sur la relación entre consumo de proteína animal y consumo de proteína vegetal se mantenía prácticamente constante, con la excepción de América Latina. Sin embargo, como en América Latina la tendencia era a un menor consumo de proteína, su incidencia en las características promedio de consumo de proteína del Sur no se alteraba.

Desde la inmediata posguerra hasta 1980, tanto los países europeos como Japón tenían patrones dietéticos inferiores a Estados Unidos y Canadá, pero *pari passu* con el incremento del ingreso *per capita*, se daba una tendencia a igualarlos. Se observa así, que en el periodo de diez años que medió entre 1966-1968 y 1975-1977, el consumo de proteína de América del Norte aumentó, manteniéndose prácticamente constante la proporción entre sus componentes animal y vegetal. Sin embargo, en los países europeos y Japón, en circunstancias que el consumo de proteína vegetal se reducía, aumentaba el de proteína total.

El consumo de proteína animal aumentó, por lo tanto, no sólo para permitir el aumento del consumo total, sino que también para compensar la disminución en el consumo de proteína vegetal que se calculaba en 4%. Como en ese entonces, los países europeos no producían la cantidad necesaria de alimentos que demandaban, su mayor consumo debía abastecerse con importaciones. En efecto, a comienzos de la década de los setenta, Japón, el Reino Unido y la, en ese entonces, República Federal Alemana absorbían 41% de las importaciones mundiales de cereales. Como ese consumo tendía a aumentar más en su componente de proteína animal, había una presión mundial para convertir sistemas de producción de proteína vegetal a proteína animal, con los consiguientes aumentos de intensificación energética. A vía de ejemplo cabe recordar que, entre 1968 y 1972, el consumo de carne *per capita* de Japón aumentó 50%. El consumo de carne por persona en Francia que era en 1900 de 40 kg por año, aumentó a 44 kg en 1930 y a 110, 3 kg en 1980, además otras proteínas animales también aumentaron substancialmente, en 1959-1960 se consumían 10.5 kg de huevos por persona al año y en 1980 había aumentado a 13.1 kg en lo que respecta al queso, en el mismo periodo, se pasó de consumir 8.8 kg por persona al año a 18.8 kg por año.

Esto tiene implicaciones ambientales, ya que ese patrón de consumo significa una presión extra sobre el sistema productivo de alimentos, la tierra, en términos de requerimientos de suelos y energía.

Respecto de las calorías requeridas para producir una caloría de alimentos, Pimentel señala que la producción de tres calorías en términos de maíz requiere insumos de energía equivalentes a una caloría de combustibles fósiles. Según parece, en términos de energía consumida, el maíz es uno de los productos de mayor eficiencia. El mismo Pimentel señala que en el caso de las naranjas y las manzanas se requieren casi dos calorías de combustibles fósiles para producir una caloría de fruta. En algunas verduras la relación aumenta a cinco calorías por una producida. La producción de alimentos más ineficiente en términos de energía es la de proteína animal.

Pimentel ha señalado que de 10 a 90 kilocalorías se requieren para producir una kilocaloría de proteína animal, dependiendo de su tipo (gallinas, cerdos, vacuno). Para producir dos kilocalorías de trigo se necesita menos de una caloría en términos de energía fósil, mientras que para producir una caloría en términos de carne de vacuno se necesitan 25 kilocalorías de energía fósil y se producen 20 veces más proteínas por cultivo de soya, que por la producción de carne de cerdo. En otras palabras, los insumos energéticos por unidad de proteína dé soya son un veinteavo de los necesarios para producir una caloría de carne de cerdo.

Las equivalencias comúnmente aceptadas señalan que, para producir una kilocaloría de leche o de huevos se necesitan 4.5 kilocalorías de vegetales; los requerimientos son mayores para las aves; 5.6 kilocalorías de insumos vegetales para obtener una kilocaloría de pollo, y se elevan drásticamente si se quiere una kilocaloría de proteína de vacuno; producirla requiere insumos equivalentes a nueve kilocalorías vegetales.

Los animales son ineficientes en el proceso de transformación de proteína vegetal en proteína animal, de allí que la preferencia por ese tipo de proteína se traduce en mayores requerimientos: a) de tierra fértil para pastizales; b) de insumos energéticos, en términos de fertilizantes y pesticidas; c) de agua, y d) mayores inversiones.

Una tendencia clara, tanto en el mundo desarrollado como en el mundo en desarrollo, y en particular en América Latina, es hacia el mayor consumo de proteína animal. Esto se traduce en intensificación energética y conversión del uso de la tierra a cultivos para la producción de proteína animal. Del total de energía consumida por la agricultura francesa 68% corresponde a la producción vegetal destinada a la alimentación animal y 32% para producir vegetales para uso humano directo. Tomando en cuenta lo anterior y agregándole la energía necesaria para la cría ganadera (calefacción, preparación de alimentos balanceados, etc.) resulta que la producción animal representa 73% del gasto energético total de la agricultura francesa.

El balance energético de la agricultura francesa señala que, en 1975 para producir 32.5 millones de toneladas equivalente de energía (Tep) de productos vegetales, destinados a la alimentación animal fueron necesarios insumos equivalentes a 5.95 millones de Tep, es decir, se dio una eficiencia en la conversión energética de alrededor de 5.5. A su vez, para producir 2.2. millones de Tep en forma de productos animales (carne, leche, huevos), fueron necesarios insumos por un total de 8.9 millones de Tep (forrajes, alimentos balanceados, importaciones de soya, etc.), lo que se traduce en una eficiencia de 0.22, que se compara desfavorablemente con un coeficiente de eficiencia de 0.29 en 1960 y 0.60 en 1945.

La agricultura moderna, basada en la artificialización de sistemas naturales, exige insumos energéticos no sólo en términos de maquinaria, fertilizantes y pesticidas, sino también en términos indirectos por los requerimientos energéticos que es necesario cubrir para el riego, para contrarrestar o evitar los problemas de erosión, alcalinización, salinización y anegamiento, etc. Las técnicas existentes más en uso para preservar los cultivos de los problemas señalados son altamente intensivas en el uso de la energía. Los estudios de Pimentel muestran cómo este sistema tecnológico para la producción de alimentos, que responde al patrón de consumo típico de los países industrializados, requiere insumos energéticos todavía mayores en las fases sucesivas de comercialización y consumo.

Del análisis anterior, se desprende que la renovabilidad del recurso suelo está cada vez más condicionada por cuatro tendencias. Una es la asignación de tierra a usos alternativos irreversibles, que implican la pérdida neta del recurso tierra para fines de producción alimentaria. Otra tendencia deriva los estilos de vida y patrones de consumo que orientan la conversión y el uso del suelo a sistemas de producción alimentarios ineficientes, desde el punto de vista energético, y altamente demandantes con respecto al sistema natural, lo que a menudo se traduce en efectos negativos sobre este último. La tercera tendencia se relaciona con una práctica agrícola intensiva para maximizar la productividad económica y la extracción o cosecha de la productividad biológica, práctica que a veces asume un carácter predatorio. Las dos últimas tendencias se refuerzan mutuamente en una dinámica cada vez más exigente con respecto al sistema natural, mismo que se ve sometido a presiones crecientes. La consecuencia de estas tendencias es la mayor artificialización de los sistemas naturales y la intensificación energética de los agroecosistemas. Finalmente, la cosecha intensiva de la productividad biológica y los deterioros que sufre el suelo obligan a nuevas intervenciones antrópicas, en forma de prácticas y subsidios energéticos adicionales, ya sea para restituir al suelo su fertilidad o para compensar y corregir las alteraciones estructurales y funcionales que sufre por la mala gestión o las presiones a que se ve sometido. Con lo cual, la espiral de artificialización del sistema natural se acelera.

BIBLIOGRAFÍA

1. Altieri, M. 1992. *Biodiversidad, agroecología y manejo de plagas.* CETAL. Valparaiso, 278 pp.

2. Azzi, G. 1968. *Ecología Agraria.* Edición Revolucionaria. La Habana, 439 pp.

3. Bakker N. 2000. *Growing Cities Growing Food.* Urban Agriculture on the Policy Agenda, DSE, Germany.

4. Barg, R. y Litovsky, M. 1998. *Biodiversidad agrícola y recursos fitogenéticos.* Ceuta, Montevideo.

5. Bressia, S. 2017. *Tierra Fértil. Desarrollando la Agroecología de abajo hacia arriba.* Food First. California, 231.

6. Birkeland, C. 1997. *Life and Death of Coral Reefs.* Chapman and Hall, New York, 534 pp.

7. Boff, L. 1994. *Dimensión Política y Teológica de la Ecología.* Consejo Eucoménico de Cuba. Centro Memorial "Dr. Martin Luther King, Jr.". La Habana, 82 pp.

8. Casimiro, L.; J. A. Casimiro y J. Suárez. 2017. *Resiliencia socioecológica de fincas familiares en Cuba.* Editora de la Estación Experimental de Pastos y Forrajes Indio Hatuey. Matanzas, 252 pp.

9. Colectivo de autores. 2019. Ecología, educación y política. *Caminos. Revista Cubana de Pensamiento Socioteológico.* No. 91 y 92: 1-95.

10. Díaz-Pineda, F. 1993. *Ecología I. Ambiente físico y organismos vivos.* Síntesis S.A., Madrid, 155 pp.

11. Evia, G. y Gudynas, E. 2000. *Ecología del paisaje. Aportes para la conservación de la Diversidad Biológica.* Junta de Andalucía - Dirección Nacional de Medio Ambiente, Sevilla.

12. FAO. 1999. *La Agricultura Urbana y Periurbana.* 15° Período de Sesiones, Comité de Agricultura, Roma.

13. Gleason, H. A. 1926. The individualistic concept of the plant association. *Bulletin of the Torrey Botanical Club* 53: 7-26.

14. Gudynas, E. y G. Evia. 1992. *Ecología social.* Editorial Popular. Organización de Estados Iberoamericanos. Madrid, 239 pp.

15. Hoffmann, A. y J. Armesto. 2008. *Ecología. Conocer la casa de todos.* Instituto de Ecología y Biodiversidad. Editorial Biblioteca Americana. Santiago de Chile, 181 pp.

16. Jaksic, F. 2001. *Ecología de Comunidades.* Textos Universitarios. Facultad de Ciencias Biológicas. Ediciones Universidad Católica de Chile. Santiago de Chile, 233 pp.

17. Lindeman, R. 1942. The trophic-dynamic aspect of Ecology. *Ecology* 23: 399-418.

18. Maass, J. M. y A. Martínez-Yrízar. 1990. Los ecosistemas: definición, origen e importancia del concepto. *Ciencias* No. 4: 10-20.

19. Mann, K. H. y J. R. N. Lazier. 1991. *Dynamics of Marine Ecosystems: Biological-Physical Interactions in the Oceans.* 1st edition. Blackwell Scientific Publications, Cambridge. 466 pp.

20. Margaleff, R. 1977. *Ecología.* Ediciones Omega. Barcelona, 951 pp.

21. Martínez, J. 1999. *Introducción a la economía ecológica.* Cuadernos de Medio Ambiente. Rubes Editorial. Madrid, 142 pp.

22. Odum, E. P. 1972. *Ecología.* Edición Revolucionaria. La Habana, 498 pp.

23. Pearce, D. y Giles Atkinson. 1993. Capital theory and the measurement of sustainable development, an indicator of" weak sustainability. *Ecological Economics*, p.8.

24. Pedraza, C. E. y J. L. Villada. 2015. *Manual Soberanía, Autonomía y Seguridad Alimentaria para el Buen Vivir.* Comité Integración Salsa Bogotá-Cajamarca. Bogotá, 42 pp.

25. Sarmiento F. O. 1995. El lugar de la Ecologia: los paisajes Tropandinos. *Bulletin of the Ecological Society of America.* 76 (2): 104 – 105.

26. Sarmiento F. O. 1997. Las montañas del Ecuador como Cuna de la Ecologia y como paisajes amenazados. *Enviromental Conservation.* 24(1):3 – 4.

27. Smith, R. L. 1996. *Ecology and field biology.* HarpersCollins Publishers Inc., 5th ed., 740 pp.

28. Valiela, I. 1995. *Marine Ecological Processes.* 2nd edition. Springer-Verlag Inc., New York. 686 pp.

29.   Théron, A. y J. Vallin. 1982. *Ecología.* Las ciencias naturales. Editorial HORA, S. A. Barcelona, 133 pp.

30.   Quintero, E. y A. Alonso. 2002. *Ecología Agrícola.* Editorial Félix Varela. La Habana, 191 pp.

31.   Valdés, C. 2005. *Ecología y Sociedad.* Editorial Félix Varela. La Habana, 240 pp.

32.   Valiela, I. 1995. *Marine Ecological Processes.* 2nd edition. Springer-Verlag Inc., New York. 686 pp.

yes
I want morebooks!

Buy your books fast and straightforward online - at one of world's fastest growing online book stores! Environmentally sound due to Print-on-Demand technologies.

Buy your books online at
www.morebooks.shop

¡Compre sus libros rápido y directo en internet, en una de las librerías en línea con mayor crecimiento en el mundo! Producción que protege el medio ambiente a través de las tecnologías de impresión bajo demanda.

Compre sus libros online en
www.morebooks.shop